西部地区退耕还林工程后续产业发展研究

张朝辉 著

内容简介

本书论述了退耕区后续产业发展与退耕还林工程持续有效运行的内在关联机制,阐释了西部地区退耕还林工程后续产业发展的整体态势、发展思路、指导原则与关键举措,为提升农户可持续生计能力、巩固退耕还林工程成果、调整及优化农村产业结构、提升退耕区社会经济发展活力提供基本支撑。全书共分7个章节,具体论述了退耕还林工程的实施概况与综合效益,以及退耕还林工程持续有效运行的基本机理与后续产业发展的基本机制,分析了退耕区特色林果业、林下经济与休闲农业等特色优势后续产业发展的整体环境、发展思路与关键举措等内容。

本书既可作为农林经济管理专业硕士、博士研究生的课外读物,也可作为林业系统管理人员的参考资料。

图书在版编目(CIP)数据

西部地区退耕还林工程后续产业发展研究 / 张朝辉著. —哈尔滨:哈尔滨工程大学出版社,2020.8
ISBN 978-7-5661-2655-9

Ⅰ.①西… Ⅱ.①张… Ⅲ.①退耕还林-产业发展-研究-中国 Ⅳ.①F326.2②F269.2

中国版本图书馆 CIP 数据核字(2020)第 132921 号

选题策划 马佳佳
责任编辑 王俊一 张如意
封面设计 刘长友

出版发行 哈尔滨工程大学出版社
社　　址 哈尔滨市南岗区南通大街 145 号
邮政编码 150001
发行电话 0451-82519328
传　　真 0451-82519699
经　　销 新华书店
印　　刷 北京中石油彩色印刷有限责任公司
开　　本 787 mm×960 mm　1/16
印　　张 12.5
字　　数 200 千字
版　　次 2020 年 8 月第 1 版
印　　次 2020 年 8 月第 1 次印刷
定　　价 49.80 元

http://www.hrbeupress.com
E-mail:heupress@hrbeu.edu.cn

前　言

退耕还林工程是我国投资规模最大、政策导向最强、涉及区域最广、民众参与度最高的林业重点生态工程，是效用显著的惠农、支农与扶贫项目，也是当前世界上最大的生态建设工程。退耕还林工程是践行"绿水青山就是金山银山"基本理念的关键载体，是生态文明建设与乡村振兴战略实施的有效途径，是特色经济产品与绿色生态产品协同供给的重要渠道，是精准扶贫、精准脱贫工作的现实选择。1998年特大洪灾揭开了我国生态环境急剧恶化的面纱，促发了中央政府及各级地方政府生态环境修复与保护的决心。1999年，党中央、国务院确立了"封山植树、退耕还林"的灾后重建与江湖整治整体思路，在四川、陕西、甘肃3省开展退耕还林工程试点，根据"退耕还林、封山绿化、以粮代赈、个体承包"的政策框架，有序开展退耕地造林与宜林荒山荒地造林。2002年，退耕还林工程全面启动，在北京、天津、河北、山西、内蒙古、辽宁、吉林、黑龙江、安徽、江西、河南、湖北、湖南、广西、海南、重庆、四川、贵州、云南、西藏、陕西、甘肃、青海、宁夏、新疆25个省（区、市）和新疆生产建设兵团退耕还林任务共572.87万公顷。2013年，党中央、国务院从中华民族生存和发展的战略高度出发，决定重启新一轮退耕还林工程（2014—2020），新一轮退耕还林工程的启动符合国家整体战略部署、社会经济发展需求、全面深化改革的整体要求、地方政府与农村农户的内在期望。

农户是新一轮退耕还林工程的微观主体，农户的积极响应与有效参与是新一轮退耕还林工程有效持续运行的基础。退耕还林工程区（退耕区）的后续产业发展优惠扶持政策、后续产业发展的条件支撑、后续产业发展与退耕还林工程的衔接、后续产业发展的可持续性与适宜性等一系列问题，将成为农户参与退耕还林工程的重要思考逻辑，成为增强农户参与退耕还林工程的信心及意愿的重要因素。特色林果业、林下经济、休闲农业等后续产业发展有助于引导和协助退耕农户有效提升其自我发展能力，帮助退耕农户尽快找到稳定、多元化的收入途径。后续产业的可持续发展成为退耕还林工程有效持续运行的重要保障与根本前提，成为推动退耕区社会经济发展的重要途径，成为加快调整农村产业结构、巩固退耕还林工程成果的重要选择。

特色林果业是退耕区最有发展基础与培育优势的后续产业，是统筹农民增收与生态环境修复双重目标的重要途径。各退耕区应坚持市场导向，坚持因地制宜，坚持适度规模经营，坚持产业化发展，坚持同步发展，加快推进退耕区林果标准化生产示范基地建设，全面提升退耕区特色林果业精深加工能力，有序增强退耕区特色林果业技术创新与技术推广，建立健全退耕区特色林果营销服务体系，以及持续完善退耕区特色林果全过程质量管理等，以有效提升退耕区特色林果业的发展质量，全面实现退耕区特色林果业的提质增效，全面强化特色林果业在巩固退耕还林工程成果中的突出效用，进而推动新一轮退耕还林工程的有效持续运行。

林下经济是巩固退耕还林工程成果、延伸退耕农户收入渠道、提升退耕农户收入水平的重要实践，是退耕还林工程区最有效的后续产业发展业态。各退耕区应坚持生态优先、协调发展，坚持因地制宜、凸显特色，坚持突出重点、有序推进，坚持政府引导、市场运作，持续优化退耕区林下经济发展布局，持续加大林下经济发展的资金支持力度，加快推进林下经济主体培育，以及加快推进退耕区生态旅游业发展等，不断增强退耕区林下经济发展效能，以有效提升退耕农户收入水平，维持农户退耕参与行为，巩固退耕还林工程成果。

休闲农业是发展现代农业、增加农民收入、巩固退耕还林工程成果的重要举措，是退耕区发展新经济、拓展新领域、培育新动能的必然选择。各退耕区应坚持政府引导、多方参与，坚持特色发展、多元融合，坚持环境友好、持续发展,持续增强休闲农业发展的政策扶持与规划指导,加快推进退耕区休闲农业的产业化发展,有序开展退耕区休闲农业经营模式创新,以及加快推进退耕区休闲农业人才队伍建设等,不断增强休闲农业发展活力,不断增强休闲农业发展质量,不断提升休闲农业经营收益,使休闲农业成为巩固退耕还林工程成果的重要探索,成为提升退耕农户收入水平与生活质量的重要实践。

本书是国家自然科学基金项目"新疆生态脆弱区农户退耕的响应追踪、行为调适与过程激励研究"(71663043)、中国博士后科学基金(2016M600828)、石河子大学青年科技创新人才培育计划(CXRC201708)的阶段性成果,由石河子大学"中西部高校综合实力提升工程"、石河子大学农林经济管理国家重点(培育)学科、石河子大学农业现代化研究中心联合资助。

著 者
2020 年 3 月

目 录

第1章 退耕还林工程实施概况 ······················· 1
1.1 退耕还林工程的历史沿革 ······················· 1
1.1.1 第一轮退耕还林工程启动(1999—2006) ············· 1
1.1.2 第一轮退耕还林规划调整(2007—2013) ············· 4
1.1.3 新一轮退耕还林工程重启(2014—2020) ············· 5
1.2 退耕还林工程的综合效益 ······················ 11
1.2.1 退耕还林工程的生态效益分析 ·················· 11
1.2.2 退耕还林工程的经济效益分析 ·················· 11
1.2.3 退耕还林工程的社会效益分析 ·················· 13
1.3 退耕还林工程与林业产业精准扶贫 ················· 14
1.3.1 退耕还林工程区的林业产业扶贫效用 ··············· 14
1.3.2 退耕还林工程区的林业产业扶贫关键问题 ············· 16
1.3.3 退耕还林工程区的林业产业扶贫治理 ··············· 18
1.4 本章小结 ······························· 21

第2章 退耕还林工程的持续有效运行 ·················· 22
2.1 退耕还林工程的农户风险感知 ···················· 22
2.1.1 理论框架 ··························· 22
2.1.2 材料与方法 ·························· 24
2.1.3 数据描述性统计 ························ 27
2.1.4 结果与讨论 ·························· 29
2.2 退耕还林工程区生态脆弱性与社会经济的耦合机制 ··········· 36
2.2.1 理论框架 ··························· 36
2.2.2 材料与方法 ·························· 36

2.2.3 实证分析 ·· 39
　　2.2.4 结果讨论 ·· 42
2.3 退耕还林工程区林业合作经营 ·· 44
　　2.3.1 理论框架 ·· 44
　　2.3.2 方法与数据 ·· 45
　　2.3.3 实证分析 ·· 48
　　2.3.4 策略选择 ·· 49
　　2.3.5 结果讨论 ·· 51
2.4 退耕区后续产业发展与工程持续有效运行 ····················· 54
　　2.4.1 后续产业发展是激发农户参与意愿的重要因素 ······ 54
　　2.4.2 后续产业发展是确保退耕还林工程持续运行的根本保证 ·· 55
2.5 本章小结 ··· 56

第3章　退耕还林工程后续产业发展机制 ································ 57
3.1 退耕区后续产业发展的基础理论 ···································· 57
　　3.1.1 赫希曼产业关联理论 ·· 57
　　3.1.2 罗斯托经济增长理论 ·· 58
　　3.1.3 熊彼特经济创新理论 ·· 58
3.2 退耕区后续产业发展的基本原则 ···································· 59
3.3 退耕区后续产业发展的基本思路 ···································· 60
　　3.3.1 单一产业层面的后续产业发展 ······························· 60
　　3.3.2 产业体系层面的后续产业发展 ······························· 62
　　3.3.3 区域发展层面的后续产业发展 ······························· 63
3.4 典型生态脆弱区退耕还林工程后续产业发展实践 ·········· 64
　　3.4.1 宁夏退耕区后续产业发展实践 ······························· 64
　　3.4.2 陕西退耕区后续产业发展实践 ······························· 66
　　3.4.3 贵州退耕区后续产业发展实践 ······························· 68
　　3.4.4 甘肃退耕区后续产业发展实践 ······························· 69

目　录

  3.4.5　新疆退耕区后续产业发展实践 …………………… 70
 3.5　本章小结 ……………………………………………………… 72
第 4 章　退耕还林工程区特色林果业发展 ……………………………… 73
 4.1　退耕区特色林果业的发展环境 ……………………………… 73
  4.1.1　优势分析 …………………………………………… 73
  4.1.2　劣势分析 …………………………………………… 75
  4.1.3　机会分析 …………………………………………… 76
  4.1.4　威胁分析 …………………………………………… 78
 4.2　退耕区特色林果业的发展思路与指导原则 ………………… 80
  4.2.1　发展思路 …………………………………………… 80
  4.2.2　指导原则 …………………………………………… 83
 4.3　退耕区特色林果业发展的关键举措 ………………………… 85
  4.3.1　加快推进退耕区林果标准化生产示范基地建设 … 85
  4.3.2　全面提升退耕区特色林果业精深加工能力 ……… 89
  4.3.3　有序增强退耕区特色林果业技术创新与技术推广 … 92
  4.3.4　建立健全退耕区特色林果营销服务体系 ………… 96
  4.3.5　持续完善退耕区特色林果全过程质量管理 ……… 101
 4.4　本章小结 ……………………………………………………… 104
第 5 章　退耕还林工程区林下经济发展 ………………………………… 105
 5.1　退耕区林下经济的发展环境 ………………………………… 105
  5.1.1　优势分析 …………………………………………… 105
  5.1.2　劣势分析 …………………………………………… 107
  5.1.3　机会分析 …………………………………………… 110
  5.1.4　威胁分析 …………………………………………… 112
 5.2　退耕区林下经济的发展思路与指导原则 …………………… 114
  5.2.1　发展思路 …………………………………………… 114
  5.2.2　指导原则 …………………………………………… 118
 5.3　退耕区林下经济发展的关键举措 …………………………… 121

5.3.1 持续优化退耕区林下经济发展布局……………………121
　　5.3.2 持续加大林下经济发展的资金支持力度……………124
　　5.3.3 加快推进林下经济新型经营主体培育………………127
　　5.3.4 加快推进退耕区生态旅游业发展……………………132
5.4 本章小结…………………………………………………………135

第6章 退耕还林工程区休闲农业发展 ……………………………136
6.1 退耕区休闲农业的发展环境…………………………………137
　　6.1.1 优势分析……………………………………………………137
　　6.1.2 劣势分析……………………………………………………138
　　6.1.3 机会分析……………………………………………………140
　　6.1.4 威胁分析……………………………………………………142
6.2 退耕区休闲农业的发展思路与指导原则……………………144
　　6.2.1 发展思路……………………………………………………144
　　6.2.2 指导原则……………………………………………………147
6.3 退耕区休闲农业发展的关键举措……………………………149
　　6.3.1 持续增强休闲农业发展的政策扶持与规划指导……149
　　6.3.2 加快推进退耕区休闲农业的产业化发展……………153
　　6.3.3 有序开展退耕区休闲农业经营模式创新……………156
　　6.3.4 加快推进退耕区休闲农业人才队伍建设……………158
6.4 本章小结…………………………………………………………160

第7章 结论 ……………………………………………………………161

附录 ……………………………………………………………………165

参考文献 ………………………………………………………………179

后记 ……………………………………………………………………186

第1章 退耕还林工程实施概况

1.1 退耕还林工程的历史沿革

退耕还林工程是我国投资规模最大、政策导向最强、涉及区域最广、民众参与度最高的林业重点生态工程,是效用显著的惠农、支农与扶贫项目,也是当前世界上最大的生态建设工程。

1.1.1 第一轮退耕还林工程启动(1999—2006)

1. 工程背景

1998年,长江、嫩江、松花江等流域爆发了一场全流域型的特大洪涝灾害,洪水量极大,涉及范围很广,持续时间较长,洪水波及江西、湖南、湖北、黑龙江等29个省(区、市),受灾面积达3.18亿亩[①],成灾面积高达1.96亿亩,受灾人口达2.23亿人,倒塌房屋685万间,直接经济损失近2000亿元,间接经济损失不可估计。据科学分析,1998年特大洪水主要缘于当年气候异常、暴雨过大、河湖调蓄能力下降、水位抬高等诸多因素共同作用,特别是长江流域长期乱砍滥伐森林造成的水土流失及长江中下游围湖造田、乱占河道等人为破坏行为,使得长江流域洪水泛滥。1998年特大洪灾揭开了我国生态环境急剧恶化的面纱,促发了中央政府及各级地方政府生态环境修复与生态环境保护的不竭动力。

1999年,党中央、国务院确立了"封山植树、退耕还林"的灾后重建与江湖整治整体思路,在四川、陕西、甘肃3省开展退耕还林工程试点,根据"退

---

① 1亩≈666.667平方米。

耕还林、封山绿化、以粮代赈、个体承包"的政策框架,有序开展退耕地造林(38.15万公顷)与宜林荒山荒地造林(6.65万公顷)。2000年,国家林业局组织编制《长江上游、黄河上中游地区2000年退耕还林(草)试点示范科技支撑实施方案》,退耕还林工程试点扩展至中西部17个省(区)和新疆生产建设兵团的188个县(市),试点任务退耕地造林40.46万公顷、宜林荒山荒地造林46.75万公顷。2001年,退耕还林工程再次扩展至中西部地区20个省(区)和兵团的224个县(市),当年试点退耕地造林42万公顷、宜林荒山荒地造林56.33万公顷。2002年,退耕还林工程全面启动,在北京、天津、河北、山西、内蒙古、辽宁、吉林、黑龙江、安徽、江西、河南、湖北、湖南、广西、海南、重庆、四川、贵州、云南、西藏、陕西、甘肃、青海、宁夏、新疆25个省(区、市)和新疆生产建设兵团退耕还林任务共572.87万公顷(退耕地造林264.67万公顷,宜林荒山荒地造林308.20万公顷)。《国务院关于进一步完善退耕还林政策措施的若干意见》(国发〔2002〕10号)与《退耕还林条例》(2002)等文件明确规定并规范了退耕还林工程的运行过程、实施范围、管理体制与运行机制等。

2. 退耕补助方案

第一轮退耕还林工程坚持因地制宜、分类指导、实事求是、注重实效,坚持生态、经济和社会效益相统一,坚持政策引导与农民自愿相结合,坚持依靠科技进步,坚持示范带动、稳步推进,坚持省级政府负全责和实行地方各级政府目标责任制等主要原则。根据"退耕还林、封山绿化、以粮代赈、个体承包"的退耕还林设计,根据《国务院关于进一步做好退耕还林还草试点工作的若干意见》(国发〔2000〕24号)与《退耕还林还草试点粮食补助资金财政、财务管理暂行办法》(财建〔2000〕292号)等文件精神,国家向退耕户无偿提供粮食,长江上游地区退耕地补助粮食(原粮)300斤[①]/(亩·年)、黄河上中游地区退耕地补助粮食(原粮)200斤/(亩·年);粮食补助年限为经济林补助5年、生态林补助8年,到期后可根据退耕农户实际情况动态调整补

---

① 1斤=0.5千克。

助年限;对退耕农户只能供应粮食实物,不得以任务形式将补助粮食折算成现金或代金券发放,粮食调运费用由地方财政承担。国家给退耕农户发放适当现金补助与种苗;为维持退耕农户基本医疗、基本教育等开支,中央财政在退耕补助期内(经济林补助 5 年、生态林补助 8 年)对退耕农户发放适当现金补助,现金补助标准为 20 元/(亩·年);中央基建投资安排 50 元/亩种苗费给育苗生产单位,各地区林业部门统一组织采种、育苗单位向退耕农户无偿供应所需种子和苗木;退耕期满后,退耕还生态公益林可逐步纳入中央和地方森林生态效益补助基金补助范围,退耕还商品林,允许农民依法合理采伐。《国务院办公厅关于完善退耕还林粮食补助办法的通知》(国办发〔2004〕34 号)提出,从 2004 年起,原则上将向退耕户的粮食补助调整为现金补助,包干给各省(区),按每公斤①粮食(原粮)1.40 元计算,专户存储,专款专用,具体补助标准与兑现办法由省级人民政府根据当地实际情况确定。

3. 配套保障措施

为稳步推进退耕还林政策,实现"生态改善、生产发展、生活富裕"的退耕还林目标,《国务院关于进一步推进西部大开发的若干意见》(国发〔2004〕6 号)、《国务院办公厅关于切实搞好"五个结合"进一步巩固退耕还林成果的通知》(国办发〔2005〕25 号)提出,把退耕还林工程与基本农田建设、农村能源建设、农村生态移民、农村后续产业发展、封山禁牧舍饲等配套保障措施结合起来,以不断巩固退耕还林工程成果,加快推进改善退耕区生态环境,调整农业产业结构,增加农民收入。

为巩固退耕还林工程成果,要求各退耕区大力加强农田水利基本建设,严格保护基本农田,加强中低产田改造,推进退耕还林工程与农村水利灌溉排水设施建设、坡改梯改造工程建设相结合,加快建设高标准基本口粮田,切实提升退耕区的粮食自给能力;要求各退耕区采取国家补助、地方配套和农民自筹相结合等方式,推进退耕还林工程区农村能源建设,以农村沼气建设为重点,加强节柴灶、薪炭林建设,适当发展小风电、小光电、小水电等,多

---

① 1 公斤 = 1 千克。

途径满足农村能源的基本需求;要求各退耕区特别是生态脆弱区将退耕还林工程与易地扶贫搬迁等生态移民相结合,加大生态脆弱贫困地区的生态移民投资力度,实现退耕区生态移民脱贫与生态保护目标的协调统一;要求各退耕区逐步转变传统放牧方式,加大退耕区封山禁牧与舍饲圈养,并不断优化畜牧产业结构,提升畜牧养殖科学化水平;要求各退耕区加快调整农业产业结构,大力发展观光旅游业等特色农业、现代畜牧业与特色林果等后续产业,并通过扶贫贴息贷款、中央财政投资补助等方式支持推进退耕区后续产业发展,不断提升退耕区后续产业发展活力与发展效能,推动退耕区经济稳固发展与退耕农户持续增收。

1.1.2 第一轮退耕还林规划调整(2007—2013)

1. 工程背景

自1999年退耕还林工程试点以来,退耕还林工程取得了积极进展,退耕区林草植被覆盖率明显提升,水土流失与风沙侵蚀程度明显降低,退耕还林工程成为我国国土绿化行动的重要工程,成为我国生态环境保护与生态环境修复的标志性工程。但退耕还林补助标准偏高、补助期限较长,各地方政府大规模"运动式"推进退耕还林工程,退耕还林实施规模远远超过退耕计划,极大地加剧了中央财政的负担。同时,2003年底以来国内粮价逐渐上扬,引发了政府决策者与社会各界对粮食安全的担忧;在粮价上扬与大规模退耕的双重胁迫下,中央政府决定调整退耕还林规划并压缩退耕还林规模(2004年完成退耕地造林任务824 895公顷、2005年完成退耕地造林任务667 390公顷、2006年完成退耕地造林任务218 492公顷、2007年完成退耕地造林任务59 457公顷、2008年完成退耕地造林任务2 164公顷、2009年完成退耕地造林任务739公顷、2010年完成退耕地造林任务333公顷、2011年完成退耕地造林任务59公顷、2012—2013年退耕地造林面积0公顷)。《国务院关于完善退耕还林政策的通知》(国发〔2007〕25号)提出"调整退耕还林规划,原定于'十一五'期间退耕还林2 000万亩的规模,除2006年安排的400万亩外,其余暂不安排;今后仍安排荒山造林、封山育林",标志着中国退耕还林工程进入调整巩固时期。

退耕还林政策得到了各级地方政府、退耕农户的广泛认可与积极参与,粮食补助、生活费补助是激发退耕农户参与意愿的直接因素,甚至是唯一因素,也是农户退耕后最主要的收入来源。但退耕农户尚未建立可持续生计的长效机制,当退耕补助到期后,部分退耕农户将出现生计困难,甚至不得已而复耕,极大地阻碍了退耕还林工程的有效持续运行。《国务院关于完善退耕还林政策的通知》(国发〔2007〕25号)提出"坚持巩固退耕还林成果与解决退耕农户长远生计相结合,坚持国家支持与退耕农户自力更生相结合",逐步建立起促进生态改善、农民增收和经济发展的长效机制,不断巩固退耕还林成果,不断提升退耕农户的可持续生计能力,促进退耕还林地区经济社会可持续发展。

2. 调整思路

现行退耕还林粮食和生活费补助期满后,中央财政安排资金,继续对退耕农户给予适当的现金补助,解决退耕农户当前的生活困难。补助标准为:长江流域及南方地区每亩退耕地每年补助现金105元;黄河流域及北方地区每亩退耕地每年补助现金70元。原每亩退耕地每年20元生活补助费,继续直接补助给退耕农户,并与管护任务挂钩。补助期为:还生态林补助8年;还经济林补助5年;还草补助2年。根据验收结果,兑现补助资金。各地可结合本地实际,在国家规定的补助标准基础上,再适当提高补助标准。凡2006年底前退耕还林粮食和生活费补助政策已经期满的,要从2007年起发放补助;2007年以后到期的,从次年起发放补助。为集中力量解决影响退耕农户长远生计的突出问题,中央财政安排一定规模的资金,作为巩固退耕还林成果专项资金,主要用于西部地区、京津风沙源治理区和享受西部地区政策的中部地区退耕农户的基本口粮田建设、农村能源建设、生态移民及补植补造,并向特殊困难地区倾斜。

1.1.3 新一轮退耕还林工程重启(2014—2020)

新一轮退耕还林工程启动是党中央国务院从中华民族生存和发展的战

略高度出发,着眼于经济社会可持续发展全局做出的重大决定;是公共生态产品私人供给的积极探索与有效实践;是优化生态文明建设布局、构建区域生态安全屏障、释放林业精准扶贫潜能、加快调整农村产业结构的有效途径;是缓解大范围水土流失、风沙侵蚀等自然灾害的必然选择;是全面建成小康社会、推动集中连片地区农户脱贫致富的客观要求;是增加森林资源有效供给能力、促进生态林业与民生林业健康发展、应对全球气候变化的重要举措。新一轮退耕还林工程启动符合国家整体战略部署、社会经济发展需求、全面深化改革的整体要求、地方政府与农村农户的内在期望。

1. 新一轮退耕还林工程的重启动力

(1)退耕还林工程是全面深化改革的内在要求

习近平总书记在中央财经领导小组第五次会议上指出:"扩大退耕还林、退牧还草,有序实现耕地、河湖休养生息,让河流恢复生命、流域重现生机",肯定了退耕还林工程在生态环境保护中的重要价值。退耕还林工程实施以来,我国累计完成工程建设任务2 940万公顷,工程区森林覆盖率提升超过3个百分点,退耕还林工程成为推动科学发展、绿色增长的主要抓手,成为提升生态承载能力、增强生态安全水平、提高综合国力的重要手段,成为我国全面深化改革的重要措施。李克强总理在2012年视察湖北、2013年视察甘肃、2014年视察陕西时,强调实施退耕还林工程对于生态恢复、农民增收的突出贡献,"把强化生态保护作为调整经济结构、保障改善民生的重要抓手",使退耕还林工程成为转变发展方式、促进民生改善、优化产业布局的重要措施。国家林业局提交的《关于实施新一轮退耕还林和巩固退耕还林成果的政策》全面论述了重启新一轮退耕还林工程的重要性与必要性;党的十八届三中全会提出"稳定和扩大退耕还林、退牧还草范围……有序实现耕地、河湖休养生息,实行资源有偿使用制度和生态补偿制度",使新一轮退耕还林工程成为全面深化改革的重点任务之一。党的十九大也提出"开展国土绿化行动,推进荒漠化、石漠化、水土流失综合治理,强化湿地保护和恢复……完善天然林保护制度,扩大退耕还林还草",树立社会主义生态文明观,推动形成人与自然发展现代化建设新格局,以促进经济社会全面协调可持续发展。因此，新一轮退耕还林工程是全面深化改革的内在要求，是全面深化改革的重要任务。

（2）各省（区）政府与农户的合理意愿

从退耕地产出效益来看，全国退耕还林工程保存率达98.4%，退耕还林工程稳固实施；2012年人均退耕还林林产品总产值382元，其中净收益54元，较2007年林产品总产值增加343元、净收益提升48元，退耕地整体产出效益不断提升。河北、广西、四川、新疆等14个省（区）纷纷上书国务院呼吁继续推进退耕还林工程，以稳固退耕还林工程的生态效益、经济效益与社会效益。各省级政府认为延续退耕还林工程有助于持续缓解严重沙化耕地、坡度25°以上耕地普遍存在的生态危机，有效遏制了退耕区风沙侵蚀、水土流失等自然灾害，有效完善了退耕区的生态安全体系，为实现中华民族永续发展提供了生态基础。退耕还林工程运行实践加强了农村地区基本口粮田建设、生态移民、农村能源建设与农村产业结构调整，延伸了农村特色林业经济，拓宽了农户增收致富途径，促进了农村经济社会的有序协调发展。

（3）林业生态建设的客观需要

从当前来看，我国生态文明建设取得了积极成绩，但林业建设不平衡、不充分的矛盾始终是我国生态环境修复的主要障碍。通过大规模荒漠化与沙化治理，我国荒漠化和沙化面积持续减少，荒漠化和沙化程度继续减轻，沙区植被状况进一步好转，沙化区域风沙天气明显减少，特色林沙产业快速发展，但我国荒漠化与沙化防治任务艰巨，沙化治理与巩固任务繁重，沙区无序开发建设现象严重等问题，使得我国土地荒漠化与沙化状况依然严峻。第五次全国荒漠化和沙化土地监测结果显示，截至2014年，全国荒漠化土地面积261.16万平方公里①，占国土面积的27.20%；沙化土地面积172.12万平方公里，占国土面积的17.93%；有明显沙化趋势的土地面积30.03万平方公里，占国土面积的3.13%。因此，退耕还林工程成为缓解生态困境、减缓沙化蔓延速度、推动生态环境修复的重要举措。同时，严重沙化土地与坡

---

① 1平方公里=1平方千米。

度在25°以上耕地始终影响着农户的增收步伐,退耕还林工程对于调整农户生计策略,为挖掘沙区山地资源、沙地资源、物种资源、林木资源等优势资源等创造了有效机遇,对于改善集中连片贫困区、严重沙化区域的生态状况和民生现状具有重要的战略意义与现实意义,有助于巩固第一轮退耕还林工程成果,强化退耕还林工程的扶贫开发贡献。

2. 新一轮退耕还林工程的实施框架

根据"自下而上、上下结合"的基本方式,充分尊重农户主体意愿的基本思路,新一轮退耕还林工程应坚持政府引导、农民自愿的原则,各级地方政府要加强退耕规划引导与配套政策设计,为退耕农户提供技术服务与信息支持;充分尊重农民参与意愿,是否参与退耕、退耕地还生态林或经济林等均由农户自主决定,各级地方政府切忌规模化推进、强制退耕或"一刀切"。新一轮退耕还林工程应坚持尊重规律、因地制宜的原则,根据不同地理区位、气候条件、水文条件或立地条件,宜乔则乔,宜灌则灌,宜草则草;以增加植被盖度为主要方向,不再限定生态林与经济林的比例,允许林粮间作、林草结合、林下畜禽养殖、林下花卉种植等复合经营,充分挖掘退耕还林的生态功能。新一轮退耕还林工程严格限定在25°以上坡耕地、严重沙化瘠薄耕地和重要水源地15°~25°坡耕地,严重限定退耕地要求与退耕规模,并对退耕还林工程进行持续监管、动态追踪与规范化管理。

《新一轮退耕还林还草总体方案》(发改西部[2014]1772号)规定:"到2020年,将全国具备条件的坡耕地和严重沙化耕地约4 240万亩退耕还林还草。其中包括:25°以上坡耕地2 173万亩,严重沙化耕地1 700万亩,丹江口库区和三峡库区15°~25°坡耕地370万亩。对已划入基本农田的25°以上坡耕地,要本着实事求是的原则,在确保省域内规划基本农田保护面积不减少的前提下,依法定程序调整为非基本农田后,方可纳入退耕还林还草范围。严重沙化耕地、重要水源地的15°~25°坡耕地,需有关部门研究划定范围,再考虑实施退耕还林还草。"根据农户自愿申报情况,及全国严重沙化耕地与坡度25°以上耕地的基本情况,确定了新一轮退耕还林工程的整体规模;退耕规模符合农户主体意愿,符合全国荒漠化与沙化治理现状,退耕规模具有较强的操作性与客观性,有效地避免了片面追求退耕规模、盲目扩大退耕规模的不利影响。

退耕补助是农户参与退耕的直接激励要素,甚至是农户参与退耕的唯一要素。新一轮退耕还林工程补助标准直接决定了农户退耕参与积极性与热情。在具体补助政策方面,中央安排退耕还林补助资金每亩1 500元,分三次下达给省级政府,每亩第一年800元(其中种苗造林费300元)、第三年300元、第五年400元;在资金来源方面,财政部通过专项资金安排现金补助每亩1 200元,国家发改委通过中央预算安排种苗造林费每亩300元。同时,省级政府可在不低于中央补助标准的基础上自主确定兑现给退耕农户的具体补助标准与分次数额;地方提高标准超出中央补助规模的部分,由地方财政自行负担。

3. 新一轮退耕还林工程的政策改进

新一轮退耕还林工程是在全面深化改革的任务部署、林业生态工程的延续需要、农户退耕意愿的内在期望、业界学界人士的广泛呼吁等推进下实施的。《退耕还林条例》(2002)是规范与指导第一轮退耕还林工程的政策条例。较之于第一轮退耕还林工程(1999—2013),新一轮退耕还林工程在指导原则、实施方式、补偿方式与补助标准、运行方式、规划范围上均进行了较大调整与改进。

在实施方式上,第一轮退耕还林工程以"政府主导、农民自愿、自上而下"为主,新一轮退耕还林工程以"农民自愿、政府引导、自下而上"为主。新一轮退耕还林工程避免了"自上而下"忽略甚至抹杀事物的个性,强调"自下而上",根植于退耕区具体国情,反映农户的真实意愿,解决退耕区的现实问题。新一轮退耕还林工程由"政府主导、农民自愿"转变为"农民自愿、政府引导",充分尊重了农户退耕主体意愿,强化了农户退耕参与的积极性,有助于巩固退耕还林工程成果,提升退耕还林工程运行质量与实施效率。

在补偿方式与补助标准上,第一轮退耕还林工程补助期为还生态林补助8年,还经济林补助5年;补助标准为长江流域及南方地区,每亩退耕地每年补助粮食(原粮)150公斤,黄河流域及北方地区,每亩退耕地每年补助粮食(原粮)100公斤,每亩退耕地每年补助现金20元,种苗、造林费补助标准按退耕地和宜林荒地造林每亩50元计算。第二期补助较一期减半处理。退耕补助包括粮食(按1.40元/公斤折算)、生活补助费和种苗造林补助费。新一轮退耕还林工程中央安排补助分三次发放,补助资金为每亩1 500元,每亩第一年800元(其中种苗造林费300元)、第三年300元、第五年400元;同时,省级政府可在不低于中央补助标准的基础上自主确定兑现给退耕农户的具体补助标准与分次数额。从整体上看,新一轮退耕还林工程的补助周期与补助标准较第一轮有所降低,但新一轮退耕还林工程的运行方式更为灵活,允许林粮间作与林下经营,农户经营整体收益更为乐观。

在运行方式上,第一轮退耕还林工程严格限定了生态林与经济林的比例,要求以县为核算单位,还生态林比例不得低于80%,同时不允许林粮间作;新一轮退耕还林工程不再限定生态林与经济林的比例,允许退耕农户"在不破坏植被、造成新的水土流失前提下,间种豆类等矮秆作物,发展林下经济,以耕促抚、以耕促管;鼓励个人兴办家庭林场,实行多种经营"。同时,地方政府可统筹安排相关资金,制定推出配套政策,用于退耕后调整农业产业结构,发展特色产业,增加退耕户收入,推动脱贫攻坚,巩固退耕还林成果。因此,新一轮退耕还林工程的运行方式更为合理、灵活、科学,更有助于退耕区植被盖度提升与退耕农户收入增加,更有助于维持农户的退耕行为,巩固退耕还林工程成果。

在规划范围上,第一轮退耕还林工程将"水土流失严重的,沙化、盐碱化、石漠化严重的,生态地位重要、粮食产量低而不稳的耕地"列入退耕计划,而新一轮退耕还林工程的退耕区划严格限定在"坡度25°以上的耕地,沙化、盐碱化、石漠化严重的耕地,重要水源地坡度15°~25°的耕地,国家规定的其他可退耕地",退耕规划更符合生态建设需要与生态安全态势。

1.2 退耕还林工程的综合效益

1.2.1 退耕还林工程的生态效益分析

《退耕还林工程生态效益监测国家报告(2015)》显示,"我国从1999年陆续在北方沙化地区实施退耕还林(草)工程,截至2014年底,北方沙化地区10个省(区)及新疆生产建设兵团退耕还林工程总面积达到1 592.29万公顷,其中沙化土地和严重沙化土地退耕还林面积分别为401.10万公顷和300.61万公顷。通过植被恢复,增加了该地区的生物多样性,改善了当地的生态环境。退耕还林工程的实施优化了该地区的产业结构,提高了当地人民的生活水平,取得了显著的生态、经济和社会效益。截至2015年底,北方沙化土地退耕还林工程10个省(区)及新疆生产建设兵团物质量评估结果为:防风固沙91 918.66万吨/年、提供负离子136 447.51 × 10^{20}个/年、吸收污染物41.39万吨/年、滞纳TSP4 250.71万吨/年(其中,滞纳PM10和PM2.5物质量分别为2.37万吨/年、0.65万吨/年)、固碳339.15万吨/年、释氧726.78万吨/年、涵养水源91 554.64万立方米/年、固土11 667.07万吨/年、保肥445.48万吨/年、林木积累营养物质12.22万吨/年。价值量评估结果为:10个省(区)及新疆生产建设兵团每年产生的生态服务功能总价值量为1 263.07亿元,其中,森林防护440.33亿元、净化大气环境377.95亿元(其中,滞纳PM10和PM2.5价值量分别为7.11亿元、301.35亿元)、固碳释氧126.46亿元、生物多样性保护139.88亿元、涵养水源91.88亿元、保育土壤65.51亿元、林木积累营养物质21.06亿元。"退耕还林工程的实施使得工程区森林覆盖率平均提高超过4个百分点,加快推动了国土绿化行动,加快促进了生态脆弱区生态环境修复与生态环境保护,加快扭转了工程区生态恶化的趋势,为构建全国生态安全屏障做出了卓越贡献。

1.2.2 退耕还林工程的经济效益分析

退耕还林工程不仅是推动区域生态环境修复与生态环境保护的林业重

点生态工程,也是拓宽农户收入路径、调整农村产业结构、促进区域经济发展的公共投资计划。退耕还林工程制定了退耕区基本农田建设、农村能源建设、农村生态移民、农村后续产业发展、封山禁牧舍饲等一系列配套政策。退耕还林主要集中于严重沙化瘠薄土地、坡度25°以上耕地,为保证退耕区基本粮食生产、巩固退耕还林工程成果,各地区加快推进标准农田、农田水利基础设施、农田道路电网、农田防护林网等建设,不断改善农田生产条件,不断提升耕地质量,不断增强农田综合生产能力;同时,参与退耕后,农户能够将更多灌溉用水、化肥、劳动力、资金、时间等投入非退耕农田,能够深入推进优良品种应用、新耕作技术、测土配方施肥技术、节水灌溉技术、病虫害绿色防控技术、生物菌肥喷施技术等农业新技术的推广使用,不断增强农业集约化经营能力,提升农业现代化经营水平,提高农业生产经营收益,等等。退耕还林工程实施后,各退耕区加快优化农业资源配置、调整农业产业结构,转变农业发展方式,拓宽农业发展路径,积极探索发展现代畜牧养殖业、特色林果业、乡村旅游业、农村服务业等后续产业,形成了多行业有机融合、多产业协同发展的农村经济发展新格局。

  退耕还林工程是大规模国土绿色行动的重要实践,如何拓宽退耕农户收入渠道、增加退耕农户整体收入是退耕还林工程持续稳定发展的重要基础。退耕农户收益包括参与退耕所获得的直接补偿、退耕林地生产经营收益、农户非农就业收入等,退耕补偿是绝大多数农户维持生计的根本性保障。随着退耕还林工程的持续推进,退耕农户的收入结构发生了显著变化,养殖业、外出务工、经商等成为农户重要的收入渠道,对退耕还林补助的依赖性逐渐减弱。从退耕还林工程实施结果来看,退耕还林工程使得3 200万农户从政策补助中直接收益,退耕农户户均直接收益达9 800余元,比较稳定地调整了农业产业结构,比较有序地培育了退耕区后续产业,比较有效地推动了农村富余劳动力转移,为有效破解三农问题、促进农业可持续与高质量发展提供了新思路和新路径。据国家统计局对全国退耕还林(草)农户的监测,2016年退耕农户人均可支配收入为10 204元,比2013年增加3 381元,年均增长14.4%,比同期全国农村居民收入增速高2.8个百分点,其中经营净收入、转移净收入增速分别高4.4个百分点和5.9个百分点。

新一轮退耕还林工程重点向集中连片贫困地区与建档立卡贫困农户倾斜。2016—2018年,全国共安排集中连片特殊困难地区有关县和国家扶贫开发工作重点县退耕还林还草任务2 946.6万亩,新一轮退耕还林工程对建档立卡贫困户的覆盖率达18.7%,对重庆市城口县、甘肃省环县和会宁县等重点贫困县覆盖率分别达48%、49%、39%。各贫困地区借助退耕还林工程及退耕补助资金,充分利用贫困地区资源优势,积极发展特色经济、培育特色产品,推进新一轮退耕还林工程与精准扶贫工程的有序融合,退耕还林工程成为贫困地区、贫困农户精准扶贫工作的有益探索,成为集中连片贫困地区脱贫致富的重要抓手。

1.2.3 退耕还林工程的社会效益分析

在退耕还林工程实施过程中,各级地方政府、林业部门建立了多途径、长周期、持续化的退耕还林宣传机制,使广大农户了解了退耕还林工程建设的紧迫需求,了解了退耕还林工程等林业重点生态工程的重要价值。退耕还林工程是一项生态建设工程,也是一项民心工程与环境保护宣传工程。退耕还林工程的稳步实施将推动社会各界有效增强其生态意识,加快形成良性生活习惯,加紧形成崇尚自然的社会风尚,为推动生态文明建设、构建环境友好型社会奠定坚实的群众基础。同时,国家在实施退耕还林的同时,进一步加强了退耕区的基本农田与新型能源建设,实行牛羊舍饲圈养,加大了生态移民搬迁和后续产业开发力度,推动了退耕还林工程健康、顺利运行,改善了退耕区农民的生产生活状况,使农民的生态环境意识明显增强。

退耕还林工程的实施推动了农户思想观念的积极转变,生产方式由粗放经营转向精耕细作,生计行为由传统农业生产转向农林业生产经营、非农就业等多元生计,退耕区大量富余劳动力走出农村,解放了思想,开阔了视野,拓宽了生计路径,为培养懂市场经济、有经营理念、资本实力强、管理能力强的新型职业农民提供了良好契机。因此,退耕还林工程促进了传统农民向社会主义市场经济下新型职工农民的转变。

1.3 退耕还林工程与林业产业精准扶贫

退耕还林工程是贫困地区挖掘林业产业发展潜力、激发贫困群体内生发展动力、探索新时代精准扶贫路径的重要选择,是精准扶贫脱贫与林业生态建设协同发展、贫困人口就业增收与林产品有效供给协调推进的重要举措。

1.3.1 退耕还林工程区的林业产业扶贫效用

退耕还林工程是践行"绿水青山就是金山银山"基本理念的关键载体,是生态文明建设与乡村振兴战略实施的有效途径,是特色经济产品与绿色生态产品协同供给的重要渠道,是精准扶贫、精准脱贫工作的现实选择。党的十九大提出"动员全党全国全社会力量,坚持精准扶贫、精准脱贫",林业产业的多层次性、多系统性与多功能性,使林业产业发展显现了基础性扶贫效用与关键性减贫功能,成为贫困地区精准扶贫工作的现实选择。《生态扶贫工作方案(2018)》提出"推动贫困地区扶贫开发与生态保护相协调、脱贫致富与可持续发展相促进";《关于加强贫困地区生态保护和产业发展促进精准扶贫精准脱贫的通知(2016)》明确指出,贫困地区应以林业特色优势产业发展为着力点,以生态保护与产业发展协同推进、生态建设与产业培育协作运行为根本导向,充分挖掘林业发展的资源优势,激发林业发展的扶贫活力,增进林业发展的减贫贡献。通过持续的探索与实践,贫困地区依托退耕还林工程形成了油茶、核桃、红枣等特色林果扶贫,以及生态产业扶贫、森林旅游与森林康养扶贫、林下种植养殖扶贫、经济林产品加工与木材精深加工扶贫等林业产业扶贫模式,形成了林业合作社与林业龙头企业等新型林业经营主体的引领及带动机制,林业产业发展的精准扶贫潜能不断被挖掘,精准脱贫效用不断显现。但从整体上看,退耕还林区林业产业扶贫覆盖面不足、经济林产品的市场开拓能力与加工转化能力滞后、林业产业链网结构不尽合理、林业产业整体质量弱化、林业产业扶贫项目脱嵌等现实问题,成为抑制退耕还林工程区精准扶贫有效持续运行的关键障碍。

退耕还林工程精准扶贫是集中连片贫困地区扶贫开发模式探索与贫困治理能力提升的有效实践，立足于实现生态与经济协同增进、兴林与富民相辅相成、生态文明与产业发展相互促进。集中连片贫困地区多处于耕地质量低下、水土流失严重、生态承载力低下、自然灾害频发或基础设施薄弱的生态脆弱区，自然生态因素成为集中连片贫困地区的关键致贫因子，是精准扶贫开发工作的关注焦点。在退耕还林工程向集中连片贫困地区与贫困农户倾斜的政策设计下，各退耕区立足于充分挖掘区域林业资源增长潜力、着力提升林业产业发展活力、有序增强农户自我发展能力，培育林业产业精准扶贫的内生动力，形成了退耕还林工程精准扶贫的多元化实践路径。

林业第一产业是现代林业产业体系的基础保障，是退耕还林工程精准扶贫工作的关键环节。各退耕区充分利用其林业资源优势与技术优势，发展油茶丰产示范基地、速生丰产竹林基地、核桃等木本粮油生产基地、黄檗等木本药材基地、红枣等优质水果基地、油桐等林化工业原料基地、特色花卉苗木繁育基地等特色经济林基地；充分发挥林下林中资源优势，因地制宜地发展林粮、林果、林菌、林草、林禽、林蜂等林下种植养殖、经济林产品采集等特色林下经济，实现农户短期收益与长期收益的良性协调，增强林业生产经营的扶贫效应；充分发挥农民主体作用，引导工程区农户有序退耕还林、建立护林队伍的贫困农户优先聘用制度，强化新一轮退耕还林工程的扶贫效用。

林业第二产业是现代林业产业体系的核心力量，是退耕还林工程精准扶贫工作的重要助力。各退耕区依托特色经济林基地、特色林下经济项目，积极引进培育林产品加工龙头企业，推进林产化学品、木质工艺品和木质林产品加工制造，木本油料、林果、茶饮料、中药材等精深加工，以及野生动物食品与毛皮革加工生产，支持贫困地区林产品供应基地建设，带动贫困农户增收致富，不断提升退耕还林工程的精准扶贫质量。

林业第三产业是现代林业产业体系的关键支撑，是退耕还林工程精准扶贫工作的新兴业态。各退耕区依托优质林业资源与特色自然资源，深度挖掘生态文化内涵,有效搭配精品旅游资源,积极开发生态旅游项目,支持创建森林旅游示范县、示范村或特色镇,使森林旅游、休闲服务、森林康养成为退耕区新的绿色经济增长点,成为退耕农户多元增收的有效途径。

1.3.2　退耕还林工程区的林业产业扶贫关键问题

林业产业精准扶贫成为贫困地区精准扶贫工作的合理制度建构、有效治理逻辑与积极政策导向。其以林业三大产业为基本依托,以贫困农户精准识别、林业扶贫项目精准筛选、扶贫资金精准投入、扶贫工作精准管理为重要机制,以林业产业有序发展、生态环境渐进修复、贫困农户增收致富为根本目标。为提升退耕区产业精准扶贫效用,应着力解决林业产业扶贫项目嵌合不足、林业产业扶贫治理机制协作弱化、林业产业扶贫链条运行偏差与产业链条偏短等关键问题。

1. 如何解决林业产业扶贫项目的嵌合不足问题

产业扶贫是基于产业发展的市场化逻辑与减贫脱贫的社会道德逻辑而开展的社会经济活动,上级政府、基层政府与贫困群体间的利益博弈影响了产业扶贫项目筛选过程、塑造了产业扶贫项目运作逻辑。在退耕区林业产业精准扶贫实践中,"时间紧、任务重"的脱贫压力,"只问投入、不问结构"的制度安排,以及市场逻辑与社会逻辑的矛盾冲击等使得退耕区林业产业扶贫与贫困农户发展意愿、贫困村镇经济基础、贫困地区文化历史积淀、市场经济发展规律等嵌合不足。从退耕还林工程区林业产业扶贫工作来看,整县(乡、村)推进的经济林产品种植、林下种植养殖、特色经济林种植或森林生态旅游等林业产业扶贫项目筛选可能脱离区域资源禀赋、地方运作实践与贫困农户主体需求,造林合作社等生态建设扶贫专业合作社的导向性建设可能产生盲目规模化与工业化的生产组织方式、重项目数量而轻运行质量的扶贫格局,可能忽视贫困群体的异质化特征与多元化需要,可能脱离农村社会整体利益与社会文化基础,致使退耕区林业产业精准扶贫目标偏移、扶贫方式脱嵌、扶贫效用不足。

2. 如何解决林业产业扶贫治理机制的协作弱化问题

扶贫治理工作是一项多部门协同、多主体协调、多模块联动、多制度耦合的精细化社会工作,扶贫治理体系的系统化、协同化与有序化直接决定精准扶贫工作的运行效能。退耕区林业产业精准扶贫涉及林业、农业、财政、民政、乡镇政府、村集体等多个部门,涉及贫困农户、林业专业合作社、林业龙头企业等多个主体,涉及扶持对象、项目安排、资金使用、措施到户、因村派人等多个模块,涉及扶贫资源配置、林业产业扶持、扶贫配套政策、生态环境保护、农村社会保障、农户转移就业等多项制度。但条块化与破碎化的扶贫治理体系成为制约林业产业精准扶贫的主要障碍,部门协同互动不足、主体联动合作弱化、模块统筹协调不当、制度衔接搭配缺失等问题降低了退耕区林业产业精准扶贫的有序性与有效性。

3. 如何解决林业产业扶贫链条的运行偏差问题

退耕区林业产业精准扶贫是一项综合性的贫困治理模式,其扶贫目标确定、贫困人口识别、扶贫项目申请或分配、扶贫项目实施、扶贫项目维持等构成了一个完整的扶贫运作链条。扶贫链条的系统性、有序性与持续性直接决定林业产业精准扶贫的效率效果。但林业产业扶贫项目申请时,极易出现项目资源与产业项目的"精英俘获"现象、扶贫项目申请或分配的"选择性平衡"行为,产业项目可能难以精准到村、精准到户。林业产业扶贫项目实施时,扶贫项目极易出现选择性执行、项目目标转化或扶贫目标偏离,而"整村推进、连片开发"的治理逻辑又可能促发项目盲目扩张或违背贫困农户主体意愿的消极现象,致使扶贫效用弱化。林业产业扶贫项目维持时,可能只关注项目前期建设、项目快速推进或项目规模化覆盖,而不关注项目后续技术支持、政策配套、资金统筹、运作监管与质量控制,致使扶贫资源碎片化、扶贫项目不稳固,违背了扶贫项目精准管理的政策要求。

4. 如何解决林业产业扶贫产业链条偏短问题

从退耕区林业产业精准扶贫的运行实践来看,扶贫项目多集中于经济林产品种植、林下种植养殖、特色经济林种植等林业第一产业,初级林产品或鲜活林产品的整体附加值小、市场竞争优势弱、保值增值效益低,贫困地区极易陷入林业第一产业发展的"殖民地经济"陷阱,且林业生产经营的自然风险、市场风险与技术风险等弱化了贫困农户的长期持续收益。木材精深加工产业化与市场化程度不足,林果、木本油料、中药材、林下经济、野生动物资源等特色经济林产品的加工转化能力低下,林产品生产加工企业培育滞后或引进困难,林业第二产业对第一产业的引领促发成效不显著。森林旅游与休闲服务的基础设施不完善,精品旅游资源配置不合理,生态旅游规模化与专业化程度低,森林旅游产品开发不足,旅游业经营管理模式粗放,致使退耕区森林旅游业的扶贫开发贡献不足,且林业公共管理、林业生态服务、林业技术服务等第三产业项目培育严重滞后。

1.3.3 退耕还林工程区的林业产业扶贫治理

1. 强化林业产业扶贫项目的嵌合度

为强化林业产业扶贫项目的嵌合度,退耕区以扶弱逻辑为底线思维,充分发挥贫困县(乡)基层政府的主体功能与利益诉求,充分发展村集体及其他农民合作组织的基层治理能力,充分尊重贫困农户的内在需求与发展期望,使林业产业扶贫项目嵌合于利益主体的博弈均衡格局;应以乡土逻辑为核心思维,以贫困区资源禀赋、产业基础、经济现状与社会文化为基础,有针对性地选择林业产业发展项目,确定林业产业扶贫模式,优化林业产业扶贫方式,使林业产业扶贫项目嵌合于集中连片贫困地区的社会经济格局;应以市场逻辑为基础思维,充分尊重社会主义市场经济运行规律,结合市场现实需求、产业整体规模、市场发展愿景等,推动林业产业的适度规模经营,提升林业产业的发展质量,增加林业产业的市场竞争优势,使林业产业扶贫项目嵌合于市场经济发展布局。因此,退耕还林工程区林业产业精准扶贫应不断优化制度安排,使扶贫项目嵌合于贫困农户需求、区域资源禀赋与市场运行机理,以提升林业产业精准扶贫工作的运作秩序与运行质量,不断提升退耕还林工程的扶贫效用。

2. 建构林业扶贫项目的协同治理机制

退耕还林工程区林业产业精准扶贫应有效整合多部门、多主体、多模块,建构"政府-市场-社会-社区-农户"五位一体的贫困治理机制与利益联结机制,确保各部门相互促进,各主体协同合作,各模块耦合协调,各制度有序衔接。林业产业扶贫应立足于"精准识别、精准帮扶、精准管理与精准考核"的政府工作机制,制定科学的林业扶贫开发规划,健全扶贫开发制度与配套政策,引导林业产业发展与生态修复同轨运行,强化扶贫项目运行与扶贫主体行为的监管,确保林业产业扶贫的顶层设计科学合理,扶贫行为有序公平,扶贫实践高质高效。退耕区林业产业扶贫立足于扶贫资源的市场配置效用,促发市场在林业产业项目投融资、林业产业技术开发、林业生产基础设施建设、林产品市场拓展、林产品有效供给中的主体行为,凸显林业龙头企业、林业专业合作社等市场主体在贫困地区林业产业发展中的引领、辐射与带动作用,提升林业产业扶贫的市场运行活力与资源配置效率。林业产业扶贫应充分发挥社会组织自身资源丰富、组织结构灵活、运作模式专业的优势,为社会组织参与林业产业扶贫提供良性氛围,以实现扶贫资源有序衔接,扶贫效能持续提升。林业产业扶贫应充分发挥社区的桥梁纽带作用,激励社区及时反馈农户的贫困现状、致贫因子、发展意愿与发展基础,引导社区成员建立主动脱贫、互济互助、共同致富的反贫困机制,并通过林业新技术咨询服务、典型脱贫案例宣传、生产生活困难帮扶、社区扶贫资源支持等形成林业产业扶贫的社区治理支持机制。退耕区林业产业扶贫鼓励贫困农户表达其真实发展偏好,确立贫困群体在扶贫实施规划制定与扶贫项目选择中的主体地位,增强贫困农户的自我发展能力和主动参与动力,使贫困农户真正成为林业产业扶贫的参与主体与受益对象,使贫困农户能够真正从退耕还林工程中受益。

3. 规制林业产业扶贫链条的运行秩序

退耕区林业产业扶贫不断规范扶贫项目筛选、扶贫项目申请、扶贫项目运行、扶贫项目维持等环节的运行秩序,确保林业产业扶贫目标精准,扶贫项目适宜、扶贫实践有序、扶贫结果有效。在扶贫项目筛选环节,坚持林业产业项目的技术安排、发展基础、社会嵌入与主体需求,使扶贫项目符合市场发展规律、符合贫困地区经济状况与社会文化积淀、符合贫困农户的发展期望,消除扶贫项目确定与扶贫资源配置的政府垄断行为。在扶贫项目申请环节,坚持因地制宜、因村因户施策,建立全面扶贫、精准识别、公平优先、重点关注、适度倾斜的扶贫工作机制,降低扶贫项目参与的门槛效应,避免因地方政绩最大化或权力主导产生的"选择性平衡"或"精英俘获"行为,避免因"利益捆绑""责任连带"或"机会主义思维"而产生的"弱者吸纳"行为。在扶贫项目运行环节,充分尊重农户个体差异与发展意愿,形成贫困农户的独立灵活林业经营、林业合作社或集体经济组织合作经营、林业龙头企业或经济精英带动经营等多元化生产经营模式,形成林下经济、特色经济林种植、经济林产品生产等多样化林业发展项目,避免政府主导下的盲目规模化扩张或官僚技术决策。在扶贫项目维持环节,坚持前馈控制与反馈控制、直接控制与间接控制、过程控制与质量控制相结合,建立资金投入数量与扶贫项目运行质量、林业产业发展与精准扶贫贡献的综合考量机制,并根据全过程控制与监测机制对林业产业扶贫项目进行动态管理;通过林业经营技术培训、农户扶贫效用感知、农户减贫脱贫进度监测、林业产业扶贫配套政策支持、林业产业扶贫资金监管等,强化林业产业发展的持续动力与林业产业扶贫的贡献能力,不断增强退耕还林工程的精准扶贫效用。

4. 优化林业产业扶贫项目的链网结构

退耕区林业产业扶贫应准确把握林业发展的新形势与新任务,以生态协同圈、生态保育区、生态屏障区、生态修复区、生态防护带、生态涵养带与防护减灾带等生态安全布局为契机,以林业重点生态工程、国家储备林等国土绿化行动为基础,以现代林业生态体系、现代林业产业体系与现代生态文化体系建设为内涵,着力优化林业产业结构、增强林业经济发展活力、提升林业的精准扶贫贡献。退耕区林业产业扶贫应结合新一轮退耕还林工程等林业重点生态工程,立足贫困地区林业资源禀赋、林业基础设施现状与林业市场格局,稳固发展经济林产品种植、林下种植养殖、特色经济林种植等林业第一产业,持续推进生态护林员等岗位选聘向贫困人口倾斜,加快推进经济林产品的"三品一标"认证与标准化生产示范基地建设,加快培育新型林业生产经营主体,全面巩固林业第一产业的精准扶贫贡献。退耕区林业产业扶贫应依托农产品产地初加工补助政策,为农户提供特色林产品烘干、分级、加工、包装等生产装备与技术服务,增强贫困农户的市场参与能力与特色林产品的价值增值水平;应加大特色林产品技术开发与技术改造支持力度,以"贫困农户+生产基地+加工企业""贫困农户+龙头企业""贫困农户+合作社+加工企业"等模式为主体,积极生产适销对路的特色林产加工品,保障贫困农户的林业生产收益。退耕区林业产业扶贫应深度挖掘林业景观资源潜力,积极整合精品旅游资源,加快开发精品旅游产品,加紧构建绿色旅游品牌,使生态旅游与休闲服务成为林业精准扶贫的重要动力与新型业态;应完善林业技术服务、林业公共管理、林业管理服务等产品项目,为林业三产融合提供服务支持,为林业精准扶贫工作奠定服务基础,不断强化退耕还林工程等林业重点生态工程的扶贫效用,进而推动新一轮退耕还林工程的有效推进与实施。

1.4 本章小结

本章论述了退耕还林工程实施的历史沿革,明确了第一轮退耕还林工程启动(1999—2006)、第一轮退耕还林规划调整(2007—2013)、新一轮退耕还林工程重启(2014—2020)三个阶段的工程框架与实施效果,分析了退耕还林工程的生态效益、经济效益与社会效益,剖析了退耕还林工程的精准扶贫效用,论述了退耕区林业产业发展与林业产业扶贫的关键问题和治理机制,为退耕还林工程后续产业培育与发展奠定了环境基础和现实基础。

第 2 章　退耕还林工程的持续有效运行

2.1　退耕还林工程的农户风险感知

农户是新一轮退耕还林工程运行的微观主体,农户呈现显著的风险规避偏好,其风险感知水平将直接影响退耕响应意愿并折射为后续的退耕参与决策,进而影响退耕还林工程的有效运行与有序发展。厘清新一轮退耕还林工程的农户风险感知水平、剖析农户退耕风险感知的影响因素,是农户退耕风险评测、农户退耕参与意愿生成、工程运行风险管理、退耕政策设计优化与工程实施规划调整的关键,也可为新一轮退耕还林工程有效持续运行提供信息支撑。

2.1.1　理论框架

新一轮退耕还林还草工程(2014—2020)是新时代生态文明体制改革、乡村振兴战略实施与建设美丽中国整体布局的重要内容,是构建全区域生态廊道与生态安全屏障、促进生态修复与生态重建的关键举措,是农业产业结构调整与精准扶贫攻坚的有效途径。其通过转变严重沙化耕地、25°以上坡耕地与重要水源地的土地利用方式,全面释放林业生态价值,充分挖掘农户增收潜能,有序推进农村产业结构调整。退耕还林工程是公共生态产品私人供给的积极实践,农户参与响应是退耕还林工程最优目标实现的唯一途径。退耕还林工程是一项涉及范围广、运行流程复杂、农户参与度高的庞大社会系统工程,农户参与退耕将不可避免地面临诸多可能性风险,主要表现为:退耕还林政策不稳定、不持续,政策承诺难以落实;退耕还林补偿额度小、周期短,经济激励效用弱;林权、产业扶持、劳动力迁移等配套政策的执行力弱化;种苗、劳动力、农资等要素价格偏高,退耕还林初期投入太大;林业生产周期长,受自然风险影响显著;林木、经济林产品或林下产品的市场价格走低或价格波动过大;退耕后非农就业渠道不顺畅、非农就业能力不足等。新一轮退耕还林工程的有效运行取决于农户的积极政策认知、主动参与意愿和有序退耕行为,其中主动参与意愿是农户内隐性决策向外显性行动阶段转换的关键节点,风险感知则隐含于农户参与意愿与行为决策的所有环节。本研究将影响农户退耕风险感知的因素归纳为预置性维度、政策性维度、过程性维度和外部性维度四类,具体如下:

(1)预置性维度

农户退耕风险感知水平与户主的个性特征、家庭资源禀赋等预置性因素相关。户主的年龄、性别、受教育程度、健康状况等人口社会学特征因素,以及农户家庭收入水平、农业生产经营收入比例、社会保障情况等家庭资源禀赋因素将对农户退耕风险感知产生不同程度的影响。

(2)政策性维度

工程政策是农户直接判断与主观感受退耕风险的先决信息,是农户退耕风险感知水平的客观依据。新一轮退耕还林政策的公正性与稳定性、退耕补偿标准的科学性与适宜性、退耕政策认知水平、退耕配套政策的有效性等因素,将直接影响农户的退耕风险感知。健全、合理的政策规划有助于降低退耕还林工程运行的反向性政策风险、突变性政策风险或道德风险等,有助于降低农户参与退耕的风险感知水平。

(3)过程性维度

在政策目标达成的过程中,退耕还林政策的功能只占一成,其余九成取决于政策执行。农户参与退耕的货币性与非货币性成本,以及林业生产的自然风险与市场风险等将直接影响农户的退耕风险感知,对退耕还林私人供给产生不利冲击。

(4)外部性维度

新一轮退耕还林工程的政策逻辑是,以林业生产经营、非农就业等调整农村产业结构,实现生态产品与经济产品的协同供给,促进区域生态安全与农户生计安全的耦合发展。非农就业能力越强、非农就业渠道越顺畅,农户参与退耕的收益预期就越大、退耕风险就越小。技术支持将有效降低农户退耕还林的技术风险,新一轮退耕还林工程的运行效果或退耕农户的经营收益等将为农户参与退耕提供最真实的事例,积极的退耕示范效果将有效减少农户的退耕风险感知。

2.1.2 材料与方法

1. 研究区概况

研究区地处塔里木盆地北缘、天山山脉中段南麓,是典型的生态环境脆弱区与绿洲灌溉农业区。2016年,研究区乡村人口占比67.21%,农牧民人均纯收入10 632元,农户可持续生计困难;区域森林覆盖率6.8%,年平均降水量112.0 mm,风沙灾害频发,土地荒漠化严重,森林资源总量不足,生态安全形势严峻。2015年以来,研究区全面贯彻落实新一轮退耕还林还草政策,加快推进退耕还林工程与精准扶贫开发、生态环境修复及特色产业发展的有机结合,全面显现退耕还林工程的"生态–经济–社会"复合效益。当前,研究区新一轮退耕还林工程累计到账中央专项经费42 703.5万元,实施退耕还林44.15万亩,惠及退耕农户35 886户,户均退耕补偿19 358元。研究区持续加大退耕政策宣传力度,提升工程区农户的政策认知度;严格筛选适宜退耕区域,及时兑现政策补助资金,加强工程运行监管,以增强退耕还林工程的生态产品供给质量。同时,研究区有序开展林业技术培训,重点推进退耕地林草间作、兼用林套种苜蓿、红柳接种肉苁蓉、核桃间种金银花及红枣等经济林种植,促进农村产业结构调整,增进退耕还林工程的经济产品供给能力;积极组织农户外出务工,拓宽退耕农户增收渠道,提高退耕农户的工资性收入,强化退耕还林工程的精准扶贫效用。为实现新一轮退耕还林工程的全面协调可持续发展,研究区应立足于降低农户参与退耕的风险感知水平,提升农户参与退耕的收益预期,激发农户的退耕参与意愿,优化农户退耕参与决策。

2. 模型设定

退耕风险感知是农户退耕参与意愿生成的直接依据,是具有 k 个等级的有序变量。广义定序 Logit 模型放宽了比例优势假定的限制条件,消除了定类化回归处理时的序列信息丢失问题,提高了回归结果的客观性与准确性。本研究以农户风险感知水平为被解释变量 y,构建新一轮退耕还林工程的农户风险感知影响因素的多元有序 Logit 模型,具体为

$$p(y_i > j) = g(x\beta_j) = \frac{\exp(\alpha_j + x_i\beta_j)}{1 + \exp(\alpha_j + x_i\beta_j)} \quad (2-1)$$

式中,$y \in [1, M]$,$j \in [1, M-1]$,其中 M 为各定序变量的类别数。本研究中 $M=5$,y_1 为"非常低"、y_2 为"比较低"、y_3 为"一般"、y_4 为"比较高"、y_5 为"非常高"。j 取不同值时的概率分别为

$$\begin{aligned} p(y_i = 1) &= 1 - g(x_i\beta_j) \\ p(y_i = j) &= g(x_i\beta_{j-1}) - g(x_i\beta_j) \\ p(y_i = M) &= g(x_i\beta_{M-1}) \end{aligned} \quad (2-2)$$

式中　Y_i——农户风险感知水平;

　　　α_i——模型截距系数;

　　　β_j——变量 x_i 的回归系数;

　　　$1, 2, \cdots, M-1$——被解释变量的 j 个类别等级,以 $j=3$ 为例,其取值概率为被解释变量类别1、类别2、类别3与类别4、类别5 的比较。

具体由 stata 14.0 外部命令 gologit2 实现。

3. 指标体系设定

根据农户风险感知与退耕还林工程实施风险的研究成果,结合研究区新一轮退耕还林工程的运行进展,基于农户访谈的信息反馈,将农户退耕参与风险感知的影响因素划分为预置性因素、政策性因素、过程性因素与外部性因素四类。回归过程中,本研究先纳入 17 个变量,再应用逐步引入 - 剔除法($p=0.05$)进行变量剔选,获取显著影响农户退耕参与风险感的因素或因素组,提升回归分析的稳定性与可靠性,最终有 12 个变量被选入模型,具体见表 2-1。

表 2-1 变量说明及赋值

	定义	赋值	均值	标准差
	农户风险感知水平	1—非常低;2—比较低;3——般;4—比较高;5—非常高	3.308	0.916
预置性因素	家庭收入水平	1—中等以下水平;2—中等水平;3—中等以上水平	2.546	0.638
	农业经营收入比例	1—30%以下;2—30%~50%;3—50%-70%;4—70~90%;5—90%以上	3.431	0.820
	社会保障情况	1—不好;2——般;3—很好	2.564	0.638
政策性因素	退耕政策认知水平	1—非常不了解;2—不太了解;3——般;4—比较了解;5—非常了解	2.638	0.834
	退耕补偿标准	1—非常低;2—比较低;3——般;4—比较高;5—非常高	3.925	1.026
	退耕还林的配套政策	0—没有;1—有	0.669	0.471
过程性因素	退耕还林直接成本	1—非常低;2—比较低;3——般;4—比较高;5—非常高	3.349	0.932
	林业自然生产弱质性	1—非常低;2—比较低;3——般;4—比较高;5—非常高	2.726	0.918
	林产品市场销售损失	1—非常低;2—比较低;3——般;4—比较高;5—非常高	2.911	0.893
外部性因素	非农就业能力	1—非常少;2—比较少;3——般;4—比较多;5—非常多	2.917	0.947
	政府政策支持	1—没有;2—比较少;3——般;4—比较好;5—非常好	2.997	0.819
	新一轮工程运行效果	1—很不好;2—不太好;3——般;4—比较好;5—非常好	3.270	0.800

注:应用 stata 14.0 进行 stepwise(0.5)向前逐步回归,剔除了受访者年龄、性别、受教育程度、政策稳定性、非农就业机会等变量。

如表2-1所示,本研究最终选择家庭收入水平、农业经营收入比例、社会保障情况等预置性因素,退耕政策认知水平、退耕补偿标准、退耕还林的配套政策等政策性因素,退耕还林直接成本、林业自然生产弱质性、林产品市场销售损失等过程性因素,以及非农就业能力、政府政策支持、新一轮工程运行效果等外部性因素进行农户风险感知影响因素分析,确定影响农户退耕参与风险感知水平的关键要素,为农民退耕参与响应分析提供基础。

2.1.3 数据描述性统计

研究数据源于2017年新一轮退耕还林工程运行情况的问卷调查。调查对象为工程区符合退耕条件的农户,调查方式为委托生源学生进行问卷发放。为增强调查结果的客观性与代表性,调查问卷尽可能覆盖退耕还林工程的优先区与重点工程区。经问卷整理与数据预处理,共获取有效问卷1 451份。受访者均为农村农业人口,平均年龄44.86岁,户均家庭年收入25 899.63元;32.67%的受访者为小学及以下水平,44.66%的受访者为初中水平,16.61%的受访者为高中水平,5.93%的受访者为大专/大学水平,0.14%的受访者为大学以上水平。问卷分析结果显示,农户风险感知指数为3.308,风险感知水平处于一般与比较高之间,表明样本区农户对于新一轮退耕还林工程的参与风险感知值得被关注。

1. 预置性因素

调研结果表明,从家庭收入水平指标来看,受访者家庭收入水平指数为2.546,标准差为0.638;中等以下水平农户占62.58%,中等水平农户占29.50%,中等以上水平农户占7.93%,受访农户处于低收入水平。从农业经营收入比例来看,农业经营收入比例为30%以下的农户占1.24%,农业经营收入比例为30%~50%的农户占13.03%,农业经营收入比例为50%~70%的农户占31.63%,农业经营收入比例为70%~90%的农户占49.55%,农业经营收入比例为90%以上的农户占4.55%;受访农户农业经营收入比例偏高,农业生产经营成为农户的主要收入来源,受访农户非农就业收入明显不足。从社会保障情况来看,社会保障情况不好的农户占8.06%,社会保障情况一般的农户占27.43%,社会保障情况很好的农户占64.51%,随着农村社会保障体系的不断完善,受访农户的社会保障体系不断优化,但仍有部分农户的社会保障存在问题。

2. 政策性因素

调研结果表明,从退耕政策认知水平指标来看,对退耕还林政策非常不了解的农户占6.55%,对退耕还林政策不太了解的农户占39.01%,对退耕还林政策了解程度一般的农户占39.15%,对退耕还林政策比较了解的农户占14.61%,非常了解退耕还林政策的农户占0.69%,问卷结果反映了受访农户对新一轮退耕还林政策的认知水平偏低,不太了解新一轮退耕还林的政策内容、制度框架、运行方式与管理过程等。从退耕补偿标准来看,1.72%的农户认为补偿标准非常低,10.68%的农户认为补偿标准比较低,14.27%的农户认为补偿标准一般,40.04%的农户认为补偿标准比较高,33.29%的农户认为补偿标准非常高。从退耕还林的配套政策来看,66.85%的农户认为新一轮退耕还林工程没有配套政策,33.15%的农户认为退耕还林有相关配套政策。

3. 过程性因素

调研结果表明,从退耕还林直接成本来看,0.76%的农户认为退耕还林直接成本非常低,21.85%的农户认为退耕还林直接成本比较低,27.02%的农户认为退耕还林直接成本一般,42.45%的农户认为退耕还林直接成本比较高,7.93%的农户认为退耕还林直接成本非常高。从林业自然生产弱质性来看,3.51%的农户认为林业自然生产弱质性非常低,46.45%的农户认为林业自然生产弱质性比较低,26.53%的农户认为林业自然生产弱质性一般,20.95%的农户认为林业自然生产弱质性比较高,2.55%的农户认为林业自然生产弱质性非常高。从林产品市场销售损失来看,1.93%的农户认为林产品市场销售损失非常低,35.56%的农户认为林产品市场销售损失比较低,35.35%的农户认为林产品市场销售损失一般,23.78%的农户认为林产品市场销售损失比较高,3.38%的农户认为林产品市场销售损失非常高。

4. 外部性因素

调研结果表明,从非农就业能力指标来看,6.62%的农户非农就业能力非常低,27.84%的农户非农就业能力比较低,34.46%的农户非农就业能力一般,29.43%的农户非农就业能力比较高,1.65%的农户非农就业能力非常高;从整体上看,农户的非农就业能力偏低。从政府政策支持指标来看,4.20%的农户认为新一轮退耕还林工程没有政府政策支持,18.81%的农户认为新一轮退耕还林工程的政府政策支持比较少,52.24%的农户认为新一轮退耕还林工程的政府政策支持一般,22.54%的农户认为新一轮退耕还林工程的政府政策支持比较好,2.21%的农户认为新一轮退耕还林工程的政府政策支持非常好。从新一轮退耕还林工程的运行效果来看,1.72%的农户认为新一轮退耕还林工程运行效果很不好,14.33%的农户认为新一轮退耕还林工程运行效果不太好,41.83%的农户认为新一轮退耕还林工程运行效果一般,39.42%的农户认为新一轮退耕还林工程运行效果比较好,2.69%的农户认为新一轮退耕还林工程运行效果非常好。

2.1.4 结果与讨论

1. 结果分析

广义有序 Logit 回归结果显示,筛选后的 12 个解释变量在不同概率水平下显现为一定的统计显著性。回归模型的 pseudo R^2 为 0.264 9,wald χ^2 为 665.94,prob > χ^2 为 0.000 0,log pseudo likelihood 为 -1 370.36。统计检验结果表明,回归模型总体拟合效果较好,具有一定解释力。为考察各变量对被解释变量的影响机制,表 2-2 列出了变量系数、Z 值、OR 值及 Robust 标准误。

表 2-2 模型回归结果

变量		$y=1$	$y=2$	$y=3$	$y=4$
家庭收入水平(income)	系数	-0.055 6(-0.10)	0.001 43(0.01)	-0.270**(-2.47)	-0.417**(-2.02)
	OR 值	0.946(0.540)	1.001(0.133)	0.763**(0.0834)	0.659**(0.136)

表 2-2(续)

变量		$y=1$	$y=2$	$y=3$	$y=4$
农业经营收入比例(agricul)	系数	-0.033 0(-0.10)	0.253*(1.90)	0.356***(3.27)	0.568***(3.58)
	OR 值	0.968(0.310)	1.288*(0.171)	1.428***(0.155)	1.764***(0.280)
社会保障情况(security)	系数	-0.179(-0.29)	-0.043 6(-0.32)	-0.250**(-2.16)	-0.413**(-2.25)
	OR 值	0.836(0.511)	0.957(0.131)	0.779**(0.090 3)	0.662**(0.121)
退耕政策认知水平(recog)	系数	0.055 4(0.14)	-0.439***(-3.73)	-0.663***(-6.68)	-0.690***(-3.60)
	OR 值	1.057(0.426)	0.645***(0.075 9)	0.515***(0.051 1)	0.502***(0.096 1)
退耕补偿标准(compen)	系数	0.229(0.78)	-0.075 3(-0.93)	-0.150**(-2.24)	-0.166(-1.31)
	OR 值	1.257(0.371)	0.927(0.075 2)	0.861**(0.057 7)	0.847(0.107)
退耕还林的配套政策(supolicy)	系数	-0.505(-0.67)	-0.087 2(-0.55)	-0.275**(-2.05)	-0.233(-0.93)
	OR 值	0.604(0.453)	0.916(0.146)	0.760**(0.102)	0.792(0.198)
退耕还林直接成本(dcost)	系数	0.959(1.30)	0.887***(8.62)	0.913***(9.94)	0.969***(4.72)
	OR 值	2.609(1.925)	2.428***(0.250)	2.493***(0.229)	2.636***(0.541)
林业自然生产弱质性(fprodu)	系数	1.249(1.34)	0.462***(3.59)	0.243***(2.85)	-0.0175(-0.11)
	OR 值	3.486(3.257)	1.587***(0.204)	1.275***(0.109)	0.983(0.154)
林产品市场销售损失(fmarket)	系数	1.803(1.25)	1.210***(7.01)	0.751***(7.73)	1.061***(4.63)
	OR 值	6.070(8.756)	3.353***(0.578)	2.119***(0.206)	2.888***(0.661)
非农就业能力(offfarm)	系数	-0.045 4(-0.11)	-0.431***(-4.04)	-0.074 3(-0.91)	-0.131(-0.93)
	OR 值	0.956(0.380)	0.650***(0.069 4)	0.928(0.076 2)	0.877(0.124)
政府技术支持(techno)	系数	-0.032 9(-0.08)	-0.023 1(-0.20)	-0.138(-1.36)	-0.209(-1.22)
	OR 值	0.968(0.398)	0.977(0.114)	0.871(0.087 9)	0.811(0.139)
新一轮工程运行效果(example)	系数	0.243(0.56)	-0.146(-1.01)	-0.159(-1.40)	-0.490***(-3.07)
	OR 值	1.275(0.551)	0.865(0.124)	0.853(0.097 0)	0.613***(0.097 6)
log pseudo likelihood		-1 370.36	prob > χ^2	0.000 0	
wald χ^2(48)		665.54	pseudo R^2	0.2649	

注:1. *、**与***分别代表10%、5%与1%的显著性水平。

2. 系数中括号内为 Z 统计值,OR 值中括号内为 Robust 标准误。

如表 2-2 所示，系数为正，表明自变量取值越大，农户参与退耕还林的较高风险感知概率越大，退耕参与意愿越弱；系数为负，表明自变量取值越大，农户参与退耕还林的较低风险感知概率越大，退耕参与意愿受风险感知影响越小。除政府技术支持变量外，模型中各自变量均具有较强的解释力。

本研究分别测算了自变量取均值对农户风险感知概率的边际贡献（MEMs）、自变量对农户风险感知概率的平均边际贡献（AMEs），以深入探讨各自变量影响农户风险感知的内在机理。如表 2-3、表 2-4 所示，MEMs 与 AMEs 的计算结果有较大差异，MEMs 计算方便。但对于非线性回归而言，个体的平均行为不同于平均个体的行为。因此，在对估计结果进行现实意义解释时，应用 AMEs 揭示自变量对农户退耕风险感知概率的平均贡献更合适。

表 2-3 自变量取均值对农户风险感知概率的边际贡献（MEMs）

变量	pr(y=1)	pr(y=2)	pr(y=3)	pr(y=4)	pr(y=5)
income	0.002(0.000)	-0.017(0.013)	6.695***(0.024)	-5.977**(0.027)	-0.703*(0.004)
agricul	0.001(0.000)	-2.557*(0.014)	-6.207**(0.025)	7.786***(0.026)	0.978***(0.004)
security	0.008(0.000)	0.431(0.014)	5.745**(0.026)	-5.489*(0.028)	-0.695*(0.004)
recog	-0.002(0.000)	4.465***(0.012)	11.446***(0.022)	-14.695***(0.022)	-1.214***(0.004)
compen	-0.010(0.000)	0.767(0.008)	2.963*(0.015)	-3.447*(0.016)	-0.273(0.002)
supolicy	0.021(0.001)	0.846(0.016)	5.970*(0.032)	-6.438*(0.033)	-0.398(0.005)
dcost	-0.049(0.001)	-9.292***(0.012)	-11.932***(0.019)	19.451***(0.019)	1.822***(0.005)
fprodu	-0.07(0.001)	-4.635***(0.014)	-1.312(0.021)	6.046***(0.021)	-0.029(0.003)
fmarket	-0.13(0.001)	-13.032***(0.017)	-4.688**(0.022)	15.805***(0.021)	2.045***(0.005)
offfarm	0.002(0.000)	4.381***(0.012)	-2.537(0.019)	-1.63(0.020)	-0.216(0.002)
techno	0.001(0.000)	0.231(0.012)	3.186(0.023)	-3.073(0.025)	-0.345(0.003)
example	-0.011(0.000)	1.475(0.015)	2.488(0.026)	-3.12(0.028)	-0.833**(0.003)

注：1. *、** 与 *** 分别代表 10%、5% 与 1% 的显著性水平。

2. 括号内数字为标准误。

表2-4 自变量对农户风险感知概率的平均边际贡献(AMEs)

变量	pr($y=1$)	pr($y=2$)	pr($y=3$)	pr($y=4$)	pr($y=5$)
income	0.033 3(0.003)	-0.049 3(0.015)	4.356 2***(0.017)	-2.413 2**(0.019)	-1.927 0*(0.010)
agricul	0.019 7(0.002)	-2.856 2*(0.015)	-2.872 7**(0.018)	3.076 0***(0.018)	2.633 2***(0.008)
security	0.107 6(0.004)	0.381 6(0.016)	3.526 2**(0.019)	-2.110 7*(0.019)	-1.904 6**(0.009)
recog	-0.033 2(0.002)	4.939 6***(0.013)	5.627 1***(0.016)	-7.322 2**(0.016)	-3.211 3***(0.009)
compen	-0.137 8(0.002)	0.981 5(0.009)	1.566 7*(0.011)	-1.648 0*(0.012)	-0.762 4(0.006)
supolicy	0.279 4(0.005)	0.694 0(0.018)	3.459 8*(0.023)	-3.338 9*(0.023)	-1.094 3(0.011)
dcost	-0.626 0(0.006)	-9.230 3***(0.011)	-4.502 8***(0.012)	9.786 7***(0.014)	4.572 4***(0.010)
fprodu	-0.863 4(0.008)	-4.301 9***(0.016)	1.259 0(0.016)	3.986 9***(0.016)	-0.080 6(0.007)
fmarket	-1.436 7(0.015)	-11.899 5***(0.020)	1.444 3**(0.016)	6.864 3***(0.016)	5.027 6***(0.011)
offfarm	0.027 2(0.002)	4.793 9***(0.012)	-3.626 0(0.014)	-0.591 0(0.014)	-0.604 2(0.007)
techno	0.019 7(0.003)	0.239 1(0.013)	1.955 6(0.016)	-1.252 8(0.017)	-0.961 6(0.008)
example	-0.146 1(0.003)	1.777 3(0.016)	0.930 3(0.019)	-0.296 9(0.019)	-2.264 6**(0.008)

注:1. *、**与***分别代表10%、5%与1%的显著性水平。
2. 括号内数字为标准误。

2. 结果讨论

(1)预置性因素

对于家庭收入水平变量,其在$y=4$时在5%水平上显著,方向为负;在农户风险感知水平"比较高"的概率的边际贡献(-5.977%)在5%水平上显著,即家庭收入水平每增加1个单位,农户选择退耕风险"比较高"的概率降低5.977%。农户的高收入水平可能源于适度规模农业生产、农业优势技术应用或多元化的非农就业;家庭收入水平越高,其直接或间接抵御风险的能力越强,林业生产经营投资能力越大,退耕还林风险管理与损失承受能力越大,对新一轮退耕还林工程的风险感知水平越低。

对于农业经营收入比例变量,其在$y=4$时在1%水平上显著,方向为正;在农户风险感知水平"比较高"的概率的边际贡献(7.786%)在1%水平上显著。可能的解释是:农业经营收入比例越大,农户的农业生产或农地耕作依赖性越强,农业生产经营决策或农地利用方式调整黏性越大,并表现为相对明显的风险规避偏好。因此,农业经营收入比例越大,农户退耕还林的风险感知水平越高。

对于社会保障情况变量,其在 $y=4$ 时在 5% 水平上显著,方向为负;在农户风险感知水平"比较高"的概率的边际贡献(-5.489%)在 10% 水平上显著。农地经营是农户抵御风险的传统手段和最低生活水平的根本保障,退耕还林工程的非稳定性收益与不确定性后果可能使退耕农户丧失农地经营的基本保障机制。健全的农村社会保障体系有助于提升退耕农户抵御非农就业风险的能力,或减少退耕农户林业生产经营的自然风险或社会风险损失,有助于降低农户的风险感知水平。

(2)政策性因素

对于退耕政策认知水平变量,其对农户退耕风险具有显著影响(1% 水平),方向为负;在农户风险感知水平"比较高"的概率的边际贡献(-14.695%)在 1% 水平上显著。新一轮退耕还林工程充分尊重农户意愿,不再限制生态林与经济林的比例,鼓励林粮间作等林下经济,工程政策的科学性与合理性不断提升。农户的退耕政策认知水平越高,其越能认知到新一轮退耕还林工程的经济激励,越容易降低其退耕风险感知水平。

对于退耕补偿标准变量,其仅在 $y=3$ 时在 5% 水平上显著,方向为负;在农户风险感知水平"比较高"的概率的边际贡献(-3.447%)在 10% 水平上显著。适宜的退耕补偿是新一轮退耕还林工程有效持续运行的前提,是激发农户退耕参与意愿的关键要素;科学、适宜的补偿标准将提升农户退耕参与决策的激励效应,缓解农户还林环节的执行风险,弥补农地利用方式调整的可能性损失,是降低农户退耕风险感知水平的重要政策设计。

对于退耕还林的配套政策变量,其在 $y=3$ 时在 5% 水平上显著,方向为负;在农户风险感知水平"比较高"的概率的边际贡献(-6.438%)在 10% 水平上显著。新一轮退耕还林工程与林权确定、扶贫开发、支农惠农等政策有效搭配、合理整合,共同达成退耕还林政策执行的生态目标与经济目标;退耕还林配套政策对农户退耕参与决策、退耕地林业生产经营、退耕农户非农就业具有重要牵引效果,是降低农户退耕风险感知水平的重要途径。

(3)过程性因素

对于退耕还林直接成本变量,其对农户退耕风险具有显著影响(1%水平),方向为正;其变量每增加1个单位,其选择退耕风险"比较高"的概率提升19.451%。成本收益权衡是农户参与退耕还林的经济根源,农户参与退耕的钱粮损失、种苗费、管护费、劳动力成本、农资成本等直接成本将直接影响退耕政策的激励效用。在当前生态补偿机制下,退耕还林直接成本越大,农户退耕风险感知水平越高,农户退耕参与响应越弱。

对于林业自然生产弱质性变量,其在$y=4$时在1%水平上显著,方向为正;在农户风险感知水平"比较高"的概率的边际贡献(6.046%)在1%水平上显著。林业是典型的弱质性产业,林业有害生物的自然风险、营造林的经营风险、苗木管护的技术风险、生产周期长等风险同时存在于林业生产经营的各个阶段,且风险预防难度大、风险转移不顺畅、风险管理效果弱。林业自然生产的弱质性是农户退耕风险感知的固有性与内隐性因素,仅能够通过一系列的林业风险管理技术适度控制或有效规避。

对于林产品市场销售损失变量,其对农户退耕风险具有显著影响(1%水平),方向为正;其变量每增加1个单位,其选择退耕风险"比较高"的概率提升15.805%。林业生产投资周期长、同质林产品竞争激烈、经济林产品商业标准化程度低、"劣货驱逐良货"现象、产品价格波动、林业资源的市场配置滞后等问题,形成了信息不对称下的林产品市场营销风险,使退耕农户不可避免地遭受市场销售损失。农户对林产品的市场销售预期越悲观,其退耕风险感知水平越高。

(4)外部性因素

对于非农就业能力变量,其仅在$y=2$时在1%水平上显著,方向为负;在农户风险感知水平"比较低"的概率的边际贡献(4.381%)在1%水平上显著。农户非农就业水平与退耕还林工程持续运行具有显著关联,非农就业收入成为退耕农户的主要收入来源。非农就业能力越强,农户可持续生计能力越强,退耕农户的长期持续收益越高,其退耕风险感知水平越低。

对于政府技术支持变量,其对农户退耕风险感知无显著影响。可能的解释是:政府技术支持显现为退耕阶段的弱激励与还林阶段的强支撑,即有助于提升工程还林阶段的运行效果,增强退耕地林业生产经营绩效,但可能难以有效地强化农户对新一轮退耕还林政策的认可度,难以有效地降低农户退耕风险感知水平。

对于新一轮工程运行效果变量,其仅在 $y=4$ 时在1%水平上显著,方向为负;在农户风险感知水平"非常高"的概率的边际贡献(-0.833%)在5%水平上显著。新一轮退耕还林工程运行效果为农户提供了基本参照,农户能够通过已退耕农户的个体特质、家庭禀赋、退耕模式、生产决策与退耕成本收益等,预测其退耕参与的成本收益或可能面临的退耕风险。新一轮退耕还林工程运行效果越好,农户退耕风险感知水平越低。

为降低农户退耕的风险感知水平,激发农户的退耕参与意愿,本研究认为:第一,应持续加大政策宣传力度,使工程区农户全面了解新一轮退耕还林的政策意涵、实施规划与运行细则;探索退耕生态补偿标准的动态调整机制,适度调增新一轮退耕还林工程补助资金;根据区域社会经济发展现状与整体部署,促进退耕还林政策与精准扶贫、非农扶持、生态建设或乡村振兴等配套政策的有效性搭配,降低因政策设计引发的农户高风险感知。第二,应加大优质种苗、农用物资等营林直接投入的优惠扶持力度,完善退耕林地自然生产经营的风险管理体系,加快经济林无公害标准园建设,优化经济林产品标准化、绿色化、优质化、安全化与产业化生产体系,建立阿克苏苹果等"三品一标"林产品的质量可追溯体系,缓解因退耕经营而引发的农户高风险感知。第三,大力发展果品精深加工、特色民族手工业等劳动密集型产业项目,最大限度挖掘退耕区就业岗位,促进退耕农户转移就业;持续培育劳务输出中介组织或经纪人,大力开展劳动技能和就业培育,有效提升退耕农户的非农就业能力,降低因可持续生计而引发的农户高风险感知。

2.2 退耕还林工程区生态脆弱性与社会经济的耦合机制

2.2.1 理论框架

人类生态系统是自然资源、生态环境与社会经济的复合动态系统,区域自然资源的供容能力、生态环境的承载能力与社会经济的发展能力相互支撑、多元影响、共同作用,使自然资源子系统的持续性、生态环境子系统的稳定性、社会经济系统的发展性呈现显著区域差异。"人口数量激增—资源过度开发—生态严重退化—经济贫困加剧"的恶性循环,体现了自然生态与社会经济的非良性耦合、贫困地区与生态脆弱地区分布的空间耦合,形成了贫困、人口与环境的 PPE 怪圈,使经济贫困与生态退化成为制约区域可持续发展的关键障碍。在五大发展理念的指引下,生态脆弱区经济开发应与环境保护、生态修复有序契合,推动社会经济与人口资源环境的协调发展。退耕还林工程区多是典型的生态功能脆弱区、环境破坏严重区、经济基础薄弱区,粗放的农业生产方式、强烈的水资源短缺矛盾、大规模的水土开发、人口数量的快速增长、经济发展活力的不断弱化、荒漠植被与绿洲生态的不断退化,严重制约了生态脆弱区的生态环境修复与生态安全建设,阻碍了区域社会经济的可持续发展。因此,退耕还林工程区生态治理与经济发展的同步运行、生态保护与脱贫致富的有机结合、生态建设与产业建设的相互促进是新时期"社会-经济-生态"系统可持续发展的关键选择,也是实现退耕还林工程持续有效运行的根本保证。

2.2.2 材料与方法

1. 研究区概况

研究区是西北地区重要的退耕还林工程区,下辖 1 市 7 县,地处喀喇昆仑山与塔克拉玛干大沙漠之间,四季分明,夏季炎热,冬季严寒,降水稀少、蒸发强烈,空气干燥,气象灾害频发,多风沙天气,气温变化大,日照时间长。2014年,研究区年末总人口225.82万人,人口自然增长率高达17.83‰,其中贫困人口70.35万人,人均GDP 8 993元,农牧民人均纯收入仅5 309元,农牧民贫困群体规模大、经济贫困程度极化、扶贫工作推进缓滞,区域经济发展活力低下。2014年,研究区土地总面积24.91万平方公里,耕地面积21.92万公顷,林地面积36.59万公顷,牧草地面积299.91万公顷,沙漠面积1 031.8万公顷,戈壁面积206.7万公顷,森林覆盖率仅1.48%;地区年平均气温12.63 ℃,年降水量39.85 mm,年蒸发量2 480 mm,年空气湿度42.6%,区内大小河流36条,地表与地下水资源年径流量105.91亿立方米,生态环境用水量3.95亿立方米。沙漠戈壁等恶劣地质条件、干旱沙暴等严重气象灾害、河流枯竭等脆弱水文环境,以及过度樵采、持续拓荒、水资源不合理利用等大规模人为扰动,严重危及区域生态环境链网,持续弱化自然生产潜能,多元威胁区域生态安全。

2. 研究方法

考虑到生态脆弱与社会经济的非良性耦合,根据人类与自然耦合系统、"资源 – 环境 – 经济"耦合演进、生态环境质量与经济质量的空间耦合、生态资产和经济资本等测度模型与分析框架,本研究构建了退耕还林工程区生态脆弱性与社会经济耦合模型:

$$EVI = \sum_{i=1}^{m} \mu_i \times E_i \qquad (2-3)$$

式中 μ_i, E_i——生态脆弱性指标的综合权重与标准化值。

EVI——生态脆弱性指数,EVI越大,则区域生态脆弱性越强,生态环境与生态安全越易受威胁;EVI具体划分为潜在脆弱[0, 0.2)、轻度脆弱[0.2, 0.4)、中度脆弱[0.4, 0.6)、重度脆弱[0.6, 0.8)、极度脆弱[0.8, 1.0]五个区间。

$$PI = \sum_{i=1}^{m} \omega_i \times P_i \qquad (2-4)$$

式中 ω_i, P_i——经济发展指标的综合权重与标准化值。

PI——经济发展指数,PI越大,则区域社会经济贫困程度越高,区域经济发展活力与农牧民生活水平越弱;PI具体划分为偶然贫困[0,0.2)、轻度贫困[0.2,0.4)、中度贫困[0.4,0.6)、重度贫困[0.6,0.8)、极度贫困[0.8,1.0]五个区间。

$$C = (EVI^k \times PI^k)/(\alpha EVI^k + \beta PI^k)^{2k} \quad (2-5)$$

$$T = \alpha EVI + \beta PI \quad (2-6)$$

$$D = \sqrt{C \times T} \quad (2-7)$$

式中　C——系统耦合度;

α,β——待定系数,考虑到生态脆弱性与经济发展的高度重叠,生态环境建设与生态环境开发工作的同一性,$\alpha = \beta = 0.5$;

k——调节系数,且$k \in [2,5]$,本研究取$k = 3$;

T——生态脆弱性与经济发展的综合指数;

D——生态脆弱性与经济发展的耦合协调度,耦合协调度 D 具体划分为低度耦合协调[0.0,0.4)、中度耦合协调[0.4,0.5)、高度耦合协调[0.5,0.8)、极度耦合协调[0.8,1.0]四个区间;耦合协调度越大,生态脆弱性与社会经济发展的关联性越强,生态环境保护与区域社会经济发展的同步性与促进性越高。

为提升测度结果的客观性与准确性,本研究通过将层次分析法(AHP)与熵值法(EVM)相结合,应用最小二乘法优化决策模型,对指标权重进行修正,确定生态脆弱性指标和经济发展指标的主客观综合权重μ_i与ω_i,以促使 AHP 主观权重、EVM 客观权重的决策结果偏差最小化。

3. 指标与数据

根据研究区自然资源、生态环境与社会经济发展态势,结合相关研究成果,确定生态脆弱性与社会经济发展测度指标体系(表2-5),以全面反映研究区的气候脆弱性、水文脆弱性与环境脆弱性,客观描述研究区医疗卫生、文化教育、基础设施与经济发展格局,为科学阐释生态脆弱性与经济发展耦合机制提供事实依据。

表2-5 生态脆弱性与社会经济发展测度指标体系

生态脆弱性指标	单位	属性	社会经济贫困指标	单位	属性
E_1:人均林地面积	公顷/人	负向	P_1:农牧民人均纯收入	元	负向
E_2:封禁治理保有面积	千公顷	负向	P_2:千人床位数	个/千人	负向
E_3:节水灌溉面积占比	%	负向	P_3:电视覆盖率	%	负向
E_4:生态环境用水量占比	%	负向	P_4:教师人均负担学生数	人	正向
E_5:第一产业占比	%	正向	P_5:普通高中入学率	%	负向
E_6:水土流失综合治理面积	千公顷	负向	P_6:农村低收入人口占比	%	正向
E_7:生长季平均气温	℃	适度	P_7:人均GDP	元	负向
E_8:相对湿度	%	适度	P_8:地方财政自给率	%	负向
E_9:经济密度	万元/hm^2	负向	P_9:人均社会消费品零售总额	万元/人	负向
E_{10}:人口密度	人/hm^2	正向	P_{10}:人均固定资产投资	万元/人	负向

注:数据来源于《研究区统计年鉴(2015)》及地区各县市国民经济与社会发展统计公报。本研究应用 Max-Min 方法对 E_1(人均林地面积)等负向指标、E_8(相对湿度等适度指标)、P_6(农村低收入人口占比)等正向指标进行 0~1 标准化处理。

2.2.3 实证分析

1. 指标综合权重确定

本研究应用最小二乘法优化决策模型,对监测指标的 AHP 主观权重与 EVM 客观权重进行综合改进,确定研究区生态脆弱性指标的综合权重 μ_i 与经济发展指标的综合权重 ω_i,见表 2-6。

表 2-6 研究区生态脆弱性与经济发展指标的综合权重

指标	AHP 主观权重	EVM 客观权重	综合权重 μ_i	指标	AHP 主观权重	EVM 客观权重	综合权重 ω_i
E_1	0.148 9	0.162 4	0.155 6	P_1	0.015 8	0.181 8	0.098 8
E_2	0.139 6	0.090 2	0.114 9	P_2	0.084 7	0.109 1	0.096 9
E_3	0.026 2	0.102 5	0.064 4	P_3	0.000 1	0.018 2	0.009 2
E_4	0.114 5	0.180 3	0.147 4	P_4	0.172 1	0.054 6	0.113 3
E_5	0.022 2	0.018 1	0.020 2	P_5	0.063 0	0.036 3	0.049 7
E_6	0.142 4	0.157 9	0.150 1	P_6	0.023 3	0.163 7	0.093 5
E_7	0.000 4	0.036 1	0.018 3	P_7	0.160 8	0.145 4	0.153 1
E_8	0.004 0	0.054 1	0.029 0	P_8	0.059 8	0.090 9	0.075 4
E_9	0.216 2	0.072 1	0.144 2	P_9	0.277 2	0.127 3	0.202 2
E_{10}	0.185 5	0.126 3	0.155 9	P_{10}	0.143 2	0.072 6	0.107 9

如表 2-6 所示,在生态脆弱性测度中,E_1(人均林地面积)、E_2(封禁治理保有面积)、E_4(生态环境用水量占比)、E_6(水土流失综合治理面积)、E_9(经济密度)、E_{10}(人口密度)等指标具有较高贡献度,即林业生态建设、生态环境修复、荒漠化治理、人口增长与经济发展对环境扰动等是影响区域生态脆弱性的关键内容,也是区域生态建设与环境保护的重要方向。在社会经济发展水平测度中,P_1(农牧民人均纯收入)、P_2(千人床位数)、P_4(教师人均负担学生数)、P_7(人均 GDP)、P_9(人均社会消费品零售总额)、P_{10}(人均固定资产投资)等指标具有较高贡献度,即农牧民收入状况与消费能力、医疗条件、教育水平、经济发展能力等是确定区域经济发展现状的关键内容,也是区域社会经济发展的重要方向。

2. 耦合机制分析

为明晰研究区生态脆弱性与经济发展的耦合机制,本研究测度了生态脆弱性指数 EVI、经济发展指数 PI,生态脆弱性与经济发展的耦合度 C、综合

指数 T、耦合协调度 D,具体见表 2-7。

表 2-7 研究区生态脆弱性与经济发展的耦合协调度

	EVI	PI	C	T	D
HT 县	0.537	0.647	0.974 2	0.591 8	0.759 3
MY 县	0.598	0.772	0.952 8	0.685 0	0.807 9
PS 县	0.626	0.676	0.995 6	0.650 8	0.804 9
LF 县	0.516	0.674	0.948 2	0.595 3	0.751 3
CL 县	0.742	0.609	0.971 0	0.675 6	0.810 0
YT 县	0.484	0.594	0.969 3	0.538 9	0.722 7
MF 县	0.495	0.235	0.666 6	0.364 8	0.493 1

(1)生态脆弱性测度

根据 EVI 区间分类,HT 县、MY 县、LF 县、YT 县与 MF 县的 EVI 处于 [0.4,0.6) 区间,生态环境呈现为中度脆弱性;PS 县、CL 县的 EVI 处于 [0.6, 0.8) 区间,生态环境呈现为重度脆弱性。研究区特殊的地质条件、气候条件与水文条件诱发了生态环境的自然脆弱属性,大规模的拓荒、樵采等人为干扰强化了生态环境脆弱性。YT 县与 MF 县通过持续的林业生态建设、大规模的防沙治沙工程、高效节水技术的普遍推行、农业生产经营方式调整等,立足于维持区域生态环境可持续发展;CL 县等生态环境重度脆弱区域由于传统农业生产经营路径依赖、林业生态建设弱化、生态环境修复滞后、水资源过度开发等频繁人为干扰,生态环境处于长期重度脆弱状态,严重抑制了区域生态安全、生产安全与生存安全。

(2)社会经济贫困测度

根据 PI 区间分类,MF 县 PI 处于 [0.2,0.4) 区间,区域社会经济呈现为轻度贫困;YT 县 PI 处于 [0.4,0.6) 区间,区域社会经济呈现为中度贫困;HT 县、MY 县、PS 县、LF 县、CL 县 PI 处于 [0.6,0.8) 区间,区域社会经济呈现为重度贫困。研究区为典型的少数民族聚居区与集中连片贫困地区,地方财政自给率不足,人均社会消费品零售总额与人均固定资产投资低下,农村基础教育和医疗保障能力弱,人均 GDP 仅为 8 993 元,农牧民人均纯收入仅为 5 309 元,贫困率达 31.15%,且脱贫速度慢,返贫率高。自然条件恶劣、自然灾害频发、土地荒漠化与盐碱化严重、人口增长过快、产业结构不合理、人口整体素质低下、农村社会保障网络不健全等是研究区各县的主要特征,也是诱发经济贫困的主要因素。

(3) 生态脆弱性与经济贫困的耦合协调度

根据耦合协调度区间分类,HT 县、LF 县与 YT 县 D 处于 [0.5,0.8) 区间,生态脆弱性与经济贫困呈现高度耦合协调状态;MY、PS 县与 CL 县 D 处于 [0.8,1.0) 区间,生态脆弱性与经济贫困呈现极度耦合协调状态;仅 MF 县 D 处于 [0.4,0.5) 区间,生态脆弱性与经济贫困呈现中度耦合状态。封闭的地理位置、恶劣的自然环境、掠夺式的开发经营、救济式扶贫的惯性依赖、低下的科学文化素质、薄弱的经济市场发育、落后的商品经济、浓厚的宗教意识等,使研究区社会经济发展陷入生态脆弱性与经济贫困的恶性循环。

2.2.4 结果讨论

从当前来看,研究区生态林业效能弱化、生态用水明显不足、传统农业经营、耕地质量瘠薄、风沙灾害严重、气候条件恶劣等凸显了区域生态系统的脆弱性,医疗卫生水平偏低、基础教育水平不足、低收入人口比例较高、农牧民消费能力弱、自发展能力弱化、财政自给能力不足、科学文化素质低下等凸显了区域社会经济系统的贫困性。生态环境脆弱区与社会经济贫困区的高度重叠,生态环境脆弱性与社会经济贫困的高度相关,客观验证了生态建设与经济开发的一致性,以及生态恢复与脱贫致富的协调度。因此,脆弱的生态环境、低下的生态承载力、严格的生态依存度、薄弱的农村公共管理、落后的生产条件与经济基础等,使研究区存在不可消除的自然地理环境的贫困效应,使研究区陷入"生态脆弱—经济贫困—生态脆弱"的恶性循环,极大地抑制了区域生态良性稳定与区域社会经济发展潜力,更加剧了生态脆弱区社会经济发展的难度。生态脆弱性与社会经济的高耦合协调为研究区经济发展和生态建设提供了关键思路,分析研判生态脆弱性与社会经济的耦合协调度为实现区域资源、环境、社会、经济可持续发展提供了重要依据。

  为破解生态脆弱性与社会经济贫困的恶性循环,生态脆弱区应以包容性增长与可持续发展理念为指引,以生态治理、生态修复与生态建设为载体,以自然资源的立体开发、生态环境的持续利用、生态服务的不断延伸、生态产业的有序搜寻为基础,建立可持续的生态环境保护与自然资源利用体系、生态服务供给与生态意识培育模式、生态产业塑造与生态红线保障机制,构建区域生态环境保护与经济开发工作的内生促进和融合发展格局,逐渐消解"生态致贫"现象。为突破PPE怪圈的桎梏,根据生态文明建设与社会经济发展规划等意见,生态脆弱区应推动经济开发与生态文明建设的有机结合,严守资源消耗上限与生态保护红线,将生态产业发展作为社会经济发展的重要选择,以实现"消除贫困、生态修复、产业致富、改善民生、人地和谐"的可持续发展目标。因此,为消解生态脆弱性与社会经济贫困的恶性循环,建立健全区域生态扶贫机制,应稳步实施新一轮退耕还林(草)工程、防沙治沙工程等林业重点生态工程,将地方公益林纳入国家公益林补助范围,推进生态脆弱区的环境治理与修复,优先聘用贫困农户从事森林管护、巡护与监测工作,并完善生态移民的政策支持机制与资金投入模式,建立生态补偿脱贫新思路;应充分依托区位特色与资源优势,因地制宜发展红枣、核桃等特色林果业,肉苁蓉、沙漠玫瑰、维药等林下特色种植,畜禽规模化养殖与林下特色畜禽养殖,地毯与艾德莱丝绸手工业,以及特色旅游业等绿色产业项目,有序开展农田基础水利、高效节水灌溉、盐碱地改良等专项工作,以持续优化农村产业结构,不断拓宽农村就业渠道;应全面凸显生态文明发展理念,确立生态扶贫意识,加快荒漠区生态恢复与重建关键技术创新,加强相关技术人员队伍素质,强化生态产业的金融服务与保险支持,建设生态项目,培育绿色业态,延伸生态服务,实现绿色减贫与和谐发展。

2.3 退耕还林工程区林业合作经营

2.3.1 理论框架

新一轮退耕还林工程坚持尊重农民理性退耕、因地制宜科学退耕、依靠技术有序退耕、多方论证引导退耕、持续监管高效退耕,并不再限定经济林与生态林的比例,以充分释放生态脆弱区林业发展潜能,全面提升区域生态安全水平,有效增强瘠薄土地产出能力,积极拓宽农户增收渠道,适度优化农村发展布局。退耕还林工程催生了大量分散化、以家庭为基本经营单位的小规模林业,各退耕区呈现单户分散经营、合作统一经营、林业托管经营与其他适度规模经营等小规模林业经营形式;退耕还林工程景观管理一体化与林业经营破碎化矛盾、林业发展产业化与退耕农户分散化矛盾、林业市场规模化与退耕主体微小化矛盾,将促发以小规模退耕农户为主体的林业合作经营组织,推动退耕区林业新型经营主体的持续创新。林业合作经营是否符合农户内在期望与收益预期、是否有助于退耕还林工程的有效实施与持续运行,退耕区林业合作经营是否具有多元发展优势与积极培育机会,能否弥补关键发展劣势、应对外部环境威胁,如何筛选小规模林业合作经营的适宜性策略,将决定能否完善退耕区小规模林业利益链接格局、优化小规模林业合作运营机制、规范小规模林业生产运营模式、制定退耕还林工程指引方案。

小规模林业经营为农户创造了新收入来源,为生态产品供给拓展了新渠道,为农村多元化发展、林业可持续管理奠定了新基础,为碳汇林发展提供了新机遇;由大规模、产业化林业转向关注小规模、多产品、分散化林业成为发展中国家的普遍趋向。直接收入补偿或其他公共支持在一定程度上稳固了小规模林业的发展地位,推动了经营目标的显著多样性,但其发展水平、盈利能力与发展活力依然较低;兼业化与利用率低下致使小规模林业经营的产、供、销成本增加,但并不否定小规模林业的经营效率。

通过对瑞典、日本、德国林业经营管理与林业合作化的探究,小规模林业应构建横向联合、纵向深入发展的合作组织,以拓展经营规模,优化经营水平,缓解经营风险,分摊经营成本。从当前来看,我国小规模林业合作组织的整体规模较小,业务领域有限,服务职能弱化,产业优势不足,往往难以满足小规模林农的内在意愿、服务需求与收益预期。部分学者认为林业经营的技术需求刚性小,小规模林业分散符合林农意愿,合作化与规模化经营并不是现阶段的主要目标。

退耕还林工程是系统的生态修复与重建工程、精准的农户扶贫与脱贫计划、积极的农村经济结构调整举措,以促发剩余劳动力非农就业,满足生态供给与生存服务的发展需求,优化农户土地收益预期。学者们普遍关注农户退耕参与意愿、退耕保持意愿、工程与区域经济发展、退耕区剩余劳动力转移、退耕农户收入影响机制、退耕生态补偿、退耕区后续产业发展、工程综合效益监测等问题。退耕还林工程的政策延续、有序运行与成果维持取决于农户的有效持续参与。在自主退耕的新背景下,符合条件的退耕地块面积普遍较小,地块分布破碎化,涉及区域分散化,参与农户规模化,小规模林业经营成为退耕还林工程区林业生产发展的新形态。应加大政府的系统规划与规范引导力度,充分发挥市场机制的调节作用,培育家庭林场与专业合作社等新型林业经营主体,发展适度规模经济[1],以增强工程成本有效性,提升林业经营绩效,优化退耕林地生产经营方式,破解退耕林地分散化与破碎化的现实难题。

2.3.2　方法与数据

退耕区小规模林业的经营形式选择与经营主体培育是涉及农户特质、林地经营传统、林业资源禀赋、政策引导示范、林业技术推广、区域经济状况、林地流转市场等因素的复杂问题。SWOT分析是通过优势、劣势、机会、威胁这一系列内外部环境的全面描述与系统评价,形成适宜性发展战略与经营决策的研究方法。但SWOT方法忽视了因素的相对重要性与彼此连接性,使得分析结论缺乏现实操作性与精准性。网络层次分析(ANP)对分析具有内部相关、纵向递进与横向耦合的多因素决策问题具有较大优势,是对

AHP 方法的改进;SWOT-ANP 技术实现了 SWOT 分析的定量化,同时兼顾了复杂决策问题的多维网络关联,被应用于生物能源发展、钢铁行业发展战略、环境管理决策研究,也成为小规模林业合作经营的适宜分析工具。

如图 2-1 所示,考虑到 SWOT 分析因素的真实相关性,本研究建立退耕区小规模林业合作经营的 SWOT-ANP 分析框架,全面描述小规模林业合作经营的优势、劣势、机会与威胁,系统阐释 SWOT 因素及其内部要素的可能多维关联;基于 1~9 级评分法对相关性要素进行两两比较,应用 Super Decision 工具评估所有分析要素的局部优势度与全局优势度,显现退耕区小规模林业合作经营的可行性。当小规模林业合作经营现实可行时,根据优势要素提出可供选择的 SO 策略、ST 策略、WO 策略与 WT 策略,并对其进行优势度评估与重要性排序。为确保小规模林业合作经营的 SWOT 分析的真实性与客观性,本研究分别建立农林经济管理专家等研究人员、农林系统从业者等管理人员的 SWOT-ANP 分析框架,通过对比分析与综合考量,最终确定当前退耕区小规模林业合作经营的适宜策略。

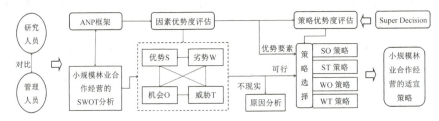

图 2-1　小规模林业合作经营的分析框架

本研究委托退耕区政策法规处、农村林业改革发展处、退耕还林领导小组办公室等具有政策认知优势与实践管理经验的 12 名管理人员,以及高校和科研院所从事林业经济理论与政策等具有系统理论结构及学术探索能力的 12 名研究人员组成分析专家小组。管理人员小组与研究人员小组分别描述退耕区小规模林业合作经营的 SWOT 因素并进行初次排序,确定 SWOT 分析核心要素以形成数据采集框架,为小规模林业合作经营 SWOT-ANP 分析提供数据信息,见表 2-8。

表2-8 小规模林业合作经营SWOT-ANP分析的数据框架

优势S		劣势W	
S_1	退耕农户的内在合作期望	W_1	林业合作经营绩效的不稳定性
S_2	退耕还林工程的优先区地位	W_2	民族地区乡村治理结构松散
S_3	林业发展规模化水平高	W_3	农户退耕的显著目标差异
机会O		威胁T	
O_1	新型农业生产经营主体的培育示范	T_1	林业合作经营的政策法律与现实需求脱节
O_2	林业合作经营的政府政策扶持与规范引导	T_2	林业生产技术推广与技术服务弱化
O_3	集体林权制度改革的持续深化	T_3	退耕补偿结束后的复耕风险

退耕区小规模林业合作经营的优势、劣势、机会与威胁因素及其要素群相互影响、相互制约、相互促进、内外依赖，共同构成了小规模林业合作经营的复杂内外部环境。退耕区小规模林业合作经营具有多元的优势与机会，林地破碎化、规模效率与技术效率损失等催生了退耕农户的合作期望；区域经济林果业的规模化发展与内涵式增长、林业重要生态工程等生态屏障构建、生态脆弱区的退耕还林工程优先区地位与复合价值效用为小规模林业合作经营奠定了形成动力、发展基础与规模条件；中央政府、林业系统与各级地方政府对培育农民林业专业合作社的促进、扶持、约束与规范机制，格润林果种植专业合作社等国家级、自治区级林业专业合作社，家庭合作林场等新型生产经营主体的建设示范，集体林权制度改革的持续深化等为小规模林业合作经营提供了政策支持、主体示范与制度环境。

但林业合作经营并不意味着绝对的规模效率与良性的经营绩效，各地区较为薄弱的乡村治理结构、较为松散的组织模式，以及农户退耕动机、退耕期望与退耕行为的差异等，可能抑制小规模林业的合作经营模式培育。当前林业合作经营的制度设计较为滞后，退耕区林业生产技术推广效率低，林业技术服务覆盖面窄，加之补偿期结束后退耕农户的复耕风险，使得退耕区小规模林业合作经营受多层次风险影响。

2.3.3 实证分析

本研究将专家小组对所有关联性要素的数据对比分析信息录入 Super Decision 软件,输出小规模林业合作经营分析要素的局部优势度与全局优势度并进行排序,以确定 SWOT 因素的优势度与要素群的关键要素,为退耕区小规模林业合作经营策略制定提供事实依据。

表 2-9 小规模林业合作经营 SWOT-ANP 分析的要素群优势度

	局部优势度		全局优势度			
	管理人员	研究人员	管理人员	排序	研究人员	排序
优势 S			0.174 2		0.452 0	
S_1	0.556 4	0.375 3	0.096 9	5	0.169 6 *	2
S_2	0.134 7	0.444 0	0.023 5	11	0.200 7 *	1
S_3	0.308 9	0.180 8	0.053 8	8	0.081 7	5
劣势 W			0.290 9		0.120 5	
W_1	0.150 6	0.277 8	0.043 8	9	0.033 5	10
W_2	0.513 0	0.571 0	0.149 2 *	2	0.068 8 *	6
W_3	0.336 4	0.151 2	0.097 9	4	0.018 2	12
机会 O			0.405 3		0.117 3	
O_1	0.508 6	0.218 8	0.206 1 *	1	0.025 7	11
O_2	0.133 9	0.350 7	0.054 3	7	0.041 1	9
O_3	0.357 5	0.430 6	0.144 9 *	3	0.050 5	8
威胁 T			0.129 6		0.310 1	
T_1	0.282 0	0.461 6	0.036 6	10	0.143 1 *	3
T_2	0.116 9	0.166 2	0.015 2	12	0.051 5	7
T_3	0.601 1	0.372 2	0.077 9 *	6	0.115 4 *	4

注:1. 所有判断矩阵随机一致性比例 CR 均小于 0.1,判断矩阵通过一致性检验。

2. *表示小规模林业合作经营 SWOT-ANP 分析中的优势要素。

如表 2-9 所示,研究人员与管理人员小组均认可退耕区小规模林业合作经营的必要性和必然性,认为小规模林业合作经营的积极因素(优势与机会)大于其限制因素(劣势与威胁),应加快推进退耕区小规模林业合作经营。管理人员小组认为小规模林业合作经营的积极因素达 0.579 5,大于其消极因素 0.420 5;研究人员小组认为小规模林业合作经营的积极因素达 0.569 3,大于其消极因素 0.430 6。其中,管理人员认为机会 O 的优势度 > 劣势 W > 优势 S > 威胁 T,更倾向于认为新型农业生产经营主体的培育示范 O_1、民族地区乡村治理结构松散 W_2、集体林权制度改革的持续深化 O_3 等是小规模林业合作经营研究的核心要素。研究人员认为优势 S 的优势度 > 威胁 T > 劣势 W > 机会 O,更倾向于认为退耕农户的内在合作期望 S_1、退耕还林工程的优先区地位 S_2、林业合作经营的政策法律与现实需求脱节 T_1、退耕补偿结束后的复耕风险 T_3 等是退耕区小规模林业合作经营的关键限制要素。

2.3.4 策略选择

在管理人员与研究人员小组均肯定退耕区小规模林业合作经营的实践价值时,如何确定适宜的运行策略成为退耕区小规模林业合作经营研究的关注重点。本研究应用各变量全局优势度的平均值,计算得出总优势、总劣势、总机会和总威胁,构成坐标系,并确定战略四边形的中心坐标,初步确定退耕区小规模林业合作经营的适宜策略。如图 2-2 所示,管理人员的战略四边形的坐标为 $S^{\#}(0,0.058\ 1)$、$W^{\#}(0,-0.097\ 0)$、$O^{\#}(0.135\ 1,0)$、$T^{\#}(-0.043\ 2,0)$,中心坐标为 $A^{\#}(0.023\ 0,-0.009\ 7)$,$A$ 点位于第二象限,主要倾向于选择 WO 策略;研究人员战略四边形的坐标为 $S^{\square}(0,0.150\ 7)$、$W^{\square}(0,-0.040\ 2)$、$O^{\square}(0.039\ 1,0)$、$T^{\square}(-0.103\ 4,0)$,中心坐标为 $B^{\square}(-0.016\ 1,0.027\ 6)$,$B$ 点位于第四象限,主要倾向于选择 ST 策略。

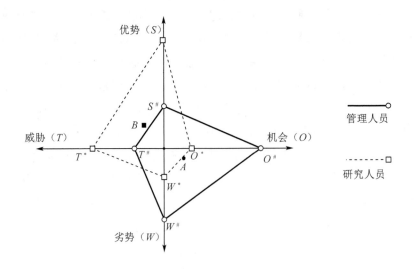

图 2-2 退耕区小规模林业合作经营的 SWOT 要素优势度

1. 管理人员小组的 WO 策略选择

管理人员肯定了退耕区小规模林业合作经营的实践价值,并倾向于选择 WO 策略。其认为应加快推进退耕区乡村社会治理机制转变,以农民组织建设与基层民主建设为重心,有序嵌入专业合作社组织,形成多主体协同与协商性整合的新型治理结构,为退耕区小规模林业合作经营的市场化、组织化与契约化奠定组织基础。同时,在国家林业局推进新型林业经营体系建设、培育林业示范合作组织的重要机遇下,通过扶持政策的引导促进,理顺林业合作经营的管理体制,推动林业合作组织的模式创新,拓展林业合作经营组织的融资渠道与服务职能,使得林业合作经营成为退耕区小规模林业发展的主要形式。因此,管理人员认为 WO 策略是退耕区小规模林业合作经营的适宜选择,应着力解决民族地区乡村治理结构松散问题,加快新型农业生产经营主体的培育示范,为退耕区小规模林业合作经营奠定组织基础与政策保障。

2. 研究人员小组的 ST 策略选择

研究人员同样鼓励退耕区小规模林业合作经营,但倾向于选择 ST 策略。其认为生态脆弱区是新一轮退耕还林工程的重要工程区,必将产生大量破碎化的小规模退耕林地;农户是退耕还林工程的具体执行者,应基于退耕农户的内在合作期望,由农户能动选择、自由参与、合理培育、有序创新林业合作经营组织,使合作经营成为退耕农户的适宜性决策而非被动性选择,以强化小规模林业合作经营的自主性、合作性与参与性。同时,加快制定符合林业经营特征、专门服务于林业合作组织的相关法律,提升林业合作经营相关法律的操作性与实践性;通过激活林业合作经营体制、提升林业合作经营收益、培育后续产业等,消除可能出现的复耕风险,使得合作经营成为退耕还林工程的重要运行模式,成为退耕还林工程有序、有效运行的重要保障。因此,研究人员认为应充分发挥退耕还林的优先区地位,全面尊重并激发退耕农户的内在合作期望,完善林业合作经营的法律,规避退耕补偿结束后的复耕风险,巩固退耕区小规模林业的合作经营基础。

2.3.5 结果讨论

1. 关于退耕区小规模林业合作经营的可行性

退耕区小规模林业合作经营在提升林地经营效率与产出效能、增强林业弱势产业竞争优势、实现林业经济产品与生态产品供给中具有显著优势,是解决退耕林地分散化、破碎化、小规模化问题的重要选择,这在管理人员和研究人员对小规模林业合作经营的积极因素与限制因素的评价中得以验证。从退耕农户来看,合作经营有助于解决退耕区小规模林业生产的投资收益、技术服务、市场谈判、兼业需要等多元化需求,且能够获取更多政府优惠扶持,小规模林业合作经营符合其内在期望,有助于提升其退耕还林收益。从政府来看,培育股份合作林场、林业专业协会或林业专业合作社等林业合作经营组织有助于推动农户多元增收与林业生态服务的协同供给,有助于实现退耕还林工程运行的有序性、有效性与持续性,有助于增强林业生态扶贫的贡献能力等。因此,退耕农户的积极预期、各级政府的合理推动、各类农民专业合作组织的示范推广,为退耕区小规模林业合作经营创造了积极条件,使得合作经营成为退耕区小规模林业生产发展的适宜性选择。

2. 关于退耕区小规模林业合作经营策略

管理人员倾向于选择 WO 策略的原因在于：村委会自治性丧失，家族势力干扰，贫困面较大，农村权力腐败问题，乡村治理结构较为松散，少数民族群众对国家政策的认可度不高，农村经济发展活力低下，乡村集体经济薄弱，经济发展理念不足，农民自我组织能力较弱、文化程度偏低，农民对农业合作经营的形式与作用认识模糊。探索有效的社会治理模式，是社会经济发展的重要命题，也是退耕还林工程、退耕区小规模林业合作经营的重要外部环境。集体林权制度改革明晰了林地使用权与林木所有权，调动了农民造林、护林、管林的积极性，完善了林业技术推广服务体系。同时，各退耕区应加快完善土地流转，建立专业大户、家庭农场、农民合作社、龙头企业等多元经营主体，推进新型农业生产经营主体的培育示范，初步形成了新型农业经营体系，为退耕区小规模林业的家庭林场、林业专业合作社等合作经营模式探索提供了经验借鉴。

研究人员倾向于选择 ST 策略的原因在于：研究人员认为退耕还林工程符合国家生态文明建设的整体部署与区域生态安全的内在需要，其优先区地位使其具有大量分散化、破碎化的退耕林地；在林业合作经营的示范效用下，农户对退耕林地的合作经营具有高度认同与合作期望（即使其并不充分地了解如何进行林地合作经营），为退耕区小规模林业合作经营奠定了构建与群众基础。但由于林业合作经营相关法律缺位、政策缺失、行政干预过大、法律政策实践性较弱等现实问题，小规模林业合作经营缺乏积极的法律约束与政策指引，这是退耕区小规模林业合作经营亟待解决的重要问题。而且，由于退耕还林工程补偿的短期性，当补偿期结束后，退耕农户的兼业收入、非农就业收入、林业合作经营收益不足时，退耕农户可能会选择复耕，进而危及退耕区小规模林业合作经营的稳定性与有序性。研究人员认为，应着力规避退耕补偿结束后的复耕风险，避免小规模林业合作经营、退耕还林工程实施中的农户"小农理性"行为。

3. 关于专家小组的决策差异与决策选择

从退耕区小规模林业合作经营的 SWOT-ANP 分析结果来看，管理人员与研究人员小组的 SWOT 因素、要素及优势度判定结果存在一定差异,也影响其策略选择。究其原因,以林业系统从业人员为代表的管理人员小组具有较高政策优势与实践经验,其往往立足于国家政策的认可与扶持、基层乡村治理结构的配套与嵌入视角,更关注于林业合作经营组织保障与政策支持等可行性和操作性,强调小规模林业合作经营应符合国家当前经济发展、社会稳定、行业培育的根本需要,具有更高的政治性与合规性。以农林经济管理专家为代表的研究小组具有较强的理论优势与较丰富的研究经历,其往往立足于退耕农户的内在合作期望、退耕补偿结束后的复耕风险等微观问题,更关注于退耕区小规模林业经营的特殊性与持续性。因此,在策略选择中,应全面考虑管理人员与研究人员的视角差异,综合分析两个专家小组的策略应用性,形成退耕区小规模林业合作经营的适宜性策略,以提升经营策略的针对性、系统性与操作性等。

作为重要的退耕还林工程区,生态脆弱区退耕还林工程产生了大量分散化、破碎化、小规模的退耕林地。合作经营是提升经营效率、优化经营成本、增强市场优势的积极选择。本研究对退耕区小规模林业合作经营的可行性、合作经营策略选择进行分析。结果表明:第一,退耕区小规模林业合作经营的积极因素优于其限制因素,林业合作经营具有较强的可行性与操作性。第二,管理人员倾向于选择 WO 策略,强调民族地区乡村治理结构、林业合作经营的政策扶持的要素优势;研究人员倾向于选择 ST 策略,强调退耕农户的内在合作期望、退耕补偿结束后的复耕风险的要素优势。第三,退耕区小规模林业合作经营策略应全面整合两个专家小组的策略建议,增强策略的适宜性、全面性与针对性。

为加快退耕区小规模林业合作经营,提升小规模林业合作经营绩效,推动退耕还林工程的有效实施与持续运行,本研究认为:第一,应尊重退耕农户合作意愿,引导培育家庭合作林场、股份合作林场、林业专业合作社等小规模林业合作组织,形成基本涵盖森林管护抚育、林业病虫害防治、营林技术推广、林果生产加工、市场信息服务、产品销售服务、退耕政策咨询等环节的多元化组织职能;第二,应发挥农村精英人才、龙头企业、村两委的引动能力,优化农村治理结构,增强林业合作组织的农村嵌入能力,并积极完善林业合作结构的相关政策与法律法规;第三,应优化退耕还林工程的补偿机制、约束机制、监管机制与扶持机制,规范退耕区特色林果业与生态林业的退耕秩序,消除可能出现的复耕风险,推动退耕区小规模林业合作经营的有序、高效、持续运行。

2.4 退耕区后续产业发展与工程持续有效运行

2.4.1 后续产业发展是激发农户参与意愿的重要因素

新一轮退耕还林工程巩固退耕还林工程(1999—2013)成果,是推动退耕区生态修复、环境保护与社会经济良性发展的林业重点生态工程,是贯彻落实五大发展理念、推动"五位一体"现代化建设、推进生态文明建设的重要举措,是助推精准扶贫、调整农业产业结构、增加农民收入、发展区域特色产业的重要机遇。农户是新一轮退耕还林工程的微观主体,农户的积极响应与有效参与是新一轮退耕还林工程有效持续运行的根本基础。根据农户风险感知分析,退耕还林工程区应大力发展特色林果及果品精深加工、特色民族手工业、家庭作坊、农村现代服务业等后续产业,最大限度地释放退耕区非农就业活力,最大限度地挖掘退耕区非农就业岗位,最大限度地增加退耕农户非农就业收入,进行降低可持续生计而引发的农户高风险感知,促使农户积极参与新一轮退耕还林工程。

退耕区后续产业发展布局的不断优化、后续产业发展活力的不断提升、后续产业发展效能的不断增强,将为农户提供积极的退耕后收益预期,不断提升退耕还林比较收益,增强新一轮退耕还林工程参与意愿。在生态经济理性逻辑下,农户意识到了新一轮退耕还林工程产生的最大生态效益,切实感受到了退耕还林工程在控制水土流失、风沙侵蚀与调节小气候等方面的显著作用,因此,提升生态安全水平成为农户参与退耕还林工程的重要诱因;同时,作为理性经济主体,农户参与退耕更取决于退耕后可获得的退耕还林补贴、林木林果销售等直接收益,以及非农就业等间接收益。从当前来看,退耕还林补贴是激励农户参与退耕的关键因素甚至是唯一要素,农户倾向于获取短期的退耕补贴。但随着农户认知的不断深入,越来越多的农户开始关注到其参与退耕后可获得的非农就业等长期持续收益。因此,退耕还林工程区的后续产业发展优惠扶持政策、后续产业发展的条件支撑、后续产业发展与退耕还林工程衔接、后续产业发展的可持续性与适宜性等一系列问题,将成为农户参与退耕的重要思考内容,成为增强农户参与退耕还林工程的信心、增进农户参与退耕还林工程意愿的重要因素。

2.4.2 后续产业发展是确保退耕还林工程持续运行的根本保证

退耕还林工程实施以来,退耕补助成为农户收入的重要组成部分,在一定程度上保障了退耕农户的基本生活,并立足于把农村中的剩余劳动力从低质、低效的坡耕地中解放出来,促进农村剩余劳动力向第二、第三产业转移,促进农民收入的多元化,拓宽农户收入渠道。从退耕还林工程实施整体效果来看,退耕还林工程极大地调整了瘠薄土地利用方式,区域生态环境状况明显改善,生态安全水平明显提升,工程生态效益明显增强,但工程在调整农村产业结构、促进农户向非农就业转移、增加退耕农户收入方面的作用尚未完全显现,且退耕补助到期后农户生计问题成为巩固退耕还林工程成果的关键内容。据调查,10%左右的退耕农户可能因退耕补助到期而出现严重的生计问题,30%的退耕农户在退耕补助到期后将面临收入水平较大幅度下降的不利局面。退耕补助到期后,退耕农户特别是收入来源较为单一的退耕农户将缺乏持续参与退耕的必要的利益驱动与有效的激励机制,退耕农户将不可避免地降低退耕地管护标准甚至放弃退耕地管护责任。更为严峻的是,部分退耕农户可能为维持其基本生计而选择复耕,进而极大地危害退耕还林工程成果。退耕还林工程有效持续运行的关键是退耕农户的有效持续参与,而退耕农户有效持续参与的前提是稳定的退耕后生产经营收益。后续产业发展有助于引导和协助退耕农户有效提升其自我发展能力,帮助退耕农户尽快找到稳定、多元化的收入途径,后续产业的可持续发展成为退耕还林工程有效持续运行的重要保障与根本前提,成为推动退耕区社会经济发展的重要路径,成为加快调整农村产业结构、巩固退耕还林工程成果的重要选择。因此,退耕还林工程区应加快优化配置区域主导产业与一般专门化产业,不断增强退耕区后续产业发展活力。从当前来看,退耕区各级地方政府普遍意识到了退耕后调整区域产业结构的重要性,但在后续产业培育上缺乏长远规划,在主导产业与优势产业选择上缺乏科学性,且区域产业结构同质化严重、规模不经济、精深加工不足等,使得退耕区后续产业发展较为滞后。各退耕区应着力扶持具有发展潜力的区域特色主导产业与特色优势产业,不断提升退耕区后续产业发展的收益率与回报率,逐步引导退耕农户转变其生产结构,实现国家"生态建设目标"与农户"收入提升目标"的协调统一,真正实现退耕还林工程"退得下、稳得住、保收入、不反弹"的根本目标,不断增强退耕还林工程的持续性与有效性。

2.5 本章小结

本章首先分析了退耕还林工程的农户风险感知机制,明晰了农户非农就业对实现退耕还林工程有序持续发展的重要促进作用,明确了退耕区后续产业发展对激发农户退耕参与意愿、巩固退耕还林工程成果的重要作用;其次,分析了退耕区生态脆弱性与经济发展的耦合机制,确定了退耕区后续产业培育应坚持生态治理与经济发展同步运行、生态保护与脱贫致富有机结合、生态建设与产业建设相互促进的基本逻辑;最后,剖析了退耕区后续产业发展对巩固退耕还林工程成果、实现退耕还林工程有效持续运行的重要促进作用。

第3章　退耕还林工程后续产业发展机制

3.1　退耕区后续产业发展的基础理论

3.1.1　赫希曼产业关联理论

1941年,里昂惕夫在《美国的经济结构1919—1929》一书中系统阐释了投入产出理论的基本原理与基本模型,开创并正式提出了产业关联理论。产业关联理论通过中间投入-中间产出关系来研究产业间质的联系与量的关系。1958年,赫希曼基于里昂惕夫产业关联理论的基本思路,依据投入产出的基本原理,在《经济发展战略》中深入分析了产业间的关联度与工业化的关系。赫希曼认为,企业关联度越大,此产业在国民经济中的地位就越高,对经济增长的作用就越大。赫希曼从非均衡理论出发,首次提出了依据产业关联度确定优势产业的准则,即从"最终需求型制造业"出发选择优势产业,优先考虑那些对较多产业有促进和带动作用的产业;对资本不足、国内市场相对狭小的发展中国家来说,尤其要发展后向关联度较高的产业。赫希曼产业关联理论认为,在区域产业关联链中,必然存在一个与其前向产业和后向产业在投入产出关系中关联系数最高的产业,这个产业的发展对其前向与后向产业的发展有较大的促进作用,使得产业关联度成为选择和确定区域主导产业的基本准则。赫希曼产业关联理论通过影响力系数与感应度系数来确定产业关联度。其中,影响力系数反映某一产业对国民经济其他产业的需求拉动作用,某产业的影响力系数越大,其对其他产业的影响和拉动力越强,当这些产业快速发展时就能带动整体社会经济的快速发展。感应度系数反映某一产业在国民经济中的基础地位,感应度系数越大,该产业在经济体系中的基础作用就越大,表明它是经济高速增长时期的瓶颈产业,如果忽视这些产业的发展,则将严重阻碍经济的快速增长。因此,区域主导产业选择与培育应重点关注影响力系数大、感应度系数强的产业,以实现区域社会经济的快速发展。根据赫希曼产业关联理论中影响力系数与感应度系数的基本思路,生态脆弱区退耕还林工程后续产业培育应重点选择与关注影响力系数大、感应度系数强的产业,加快培育具有较大发展潜力、发展优势、发展特色且多元关联的后续产业,实现退耕区社会经济的稳定高效发展。

3.1.2 罗斯托经济增长理论

1988年,罗斯托根据技术标准把经济增长阶段划分为传统社会、为起飞创新前提、起飞、成熟、高额群众消费和追求生活质量6个阶段,而每个阶段的演进都是以优势产业部门的更替为特征的。罗斯托认为,在每个阶段,甚至在一个已经成熟并继续成长的经济中,前进冲击力之所以能够保持,是由于为数有限的主导产业迅速扩大,而且这些产业的扩大又产生了具有重要意义的对其他产业部门的作用,即产生了主导产业的扩散效应,包括回顾效应、旁侧效应和前向效应。因此,优势产业应具备以下三个特征:一是依靠科技进步获得新的生产函数;二是形成持续高速增长率;三是具有较强的扩散效应,对其他产业乃至所有产业的增长具有决定性的影响。随着社会生产力的发展,特别是科技的进步和社会分工的日益深化,带动整体产业发展的已不是单个优势产业,而是几个产业共同起作用,罗斯托称之为"主导部门综合体"。它是由主导产业和与主导产业有较强后向关联、旁侧关联的产业部门组成的,且主导部门序列不可任意改变,任何国家都要经历由低级向高级的发展过程。因此,根据罗斯托的经济增长理论,退耕区后续产业发展应全面评估区域经济的成长阶段,根据区域经济所处的不同成长阶段进行主导产业培育、扶持、干预与促进,通过旁侧效应影响当地社会经济的发展,通过前向效应诱发新的经济活动或生成新的产业部门。

3.1.3 熊彼特经济创新理论

熊彼特在《经济发展理论》中提出了"创新理论",又在《经济周期》《资本主义、社会主义和民主主义》中加以运用,形成了以"创新理论"为基础的独特理论体系,并生成了产品创新、技术创新、市场创新、资源配置创新、组织创新(制度创新)等内涵。熊彼特认为,改变社会面貌的经济创新是内生的、长期的、痛苦的"创新性破坏过程",旧产业的衰弱、湮灭与消亡为新产业的生成、发展与崛起创造了空间、提供了机会。面对经济创新的"创造性破坏过程",熊彼特认为"试图无限期地维持过时的行业当然没有必要,但试图设法避免它们一下子崩溃却是必要的,也有必要努力把一场混乱——可能变为加重萧条后果的中心或变成有秩序的撤退"。在全球科技创新浪潮的推动下,世界各国正努力推动机器经济向信息经济、工业经济向服务经济转变的产业变革,但并不排斥或阻滞传统产业的持续运行与发展,并鼓励传统产业与新兴产业的相互渗透、相互融合、相互影响。因此,从大趋势上看,"新经济"与"旧经济"融合具有坚实的基础、广阔的前景,只有在传统经济结构中寻求突破、在传统产业框架内进行延伸、在传统经济格局上进行创造,才能避免只有破坏没有创造,避免只有经济崩溃没有经济创新。熊彼特经济创新理论为生态脆弱区退耕还林工程后续产业发展提供了重要指引,退耕区后续产业培育应充分尊重退耕区传统产业结构,充分结合退耕区传统产业基础,充分利用退耕区资源禀赋,积极寻求退耕区传统产业的创新与突破,积极探索具有较高适宜性与发展优势的后续产业,以实现退耕区产业结构调整及优化。

3.2 退耕区后续产业发展的基本原则

退耕区后续产业发展是巩固退耕还林工程成果的必然要求,是增强退耕农户可持续生计能力与生活质量的重要选择,是促进退耕区社会经济可持续发展的具体选择。退耕区后续产业培育应尊重以下原则:

1. 突出特色,因地制宜

退耕区后续产业培育应充分利用自身比较优势、资源要素禀赋,以特色资源为基础,以特色产品为核心,以特色技术为支撑,以特色产业为依托,形成具有鲜明产业特色、企业特色或产品特色的经济结构,从而形成具有较高竞争优势的区域特色经济结构；应以多样化、多层次、优质化的市场需求为根本导向，以特色产业为基本方向，加快推动自然资源禀赋优势向产业发展优势与市场竞争优势的转化，不断增强退耕区后续产业发展效能。

2. 统筹兼顾，生态优先

退耕还林工程的本质是以生态环境修复、生态环境保护为目标的林业重点生态工程，并兼顾提升农户收入水平、调整农业产业结构的经济目标，是统筹生态效益、经济效益与社会效益的复杂系统工程。退耕区后续产业发展应突出生态建设的主体作用，遵循"生态效益、经济效益与社会效益统筹兼顾"的根本原则，避免片面追求经济效益而损害区域生态环境，严格限制退耕区高污染、高耗散、高排放、高强度的破坏式及掠夺式开发建设，积极培育开发"生态友好型"后续产业，以实现退耕还林工程生态环境修复的政府目标与增收致富的农户目标，进而增强新一轮退耕还林工程的持续性与有效性。

3. 市场主导，政府扶持

在社会主义市场经济条件下，生态脆弱区退耕还林工程后续产业发展应坚持市场逻辑优先，充分尊重产业培育的市场规律与产业发展的市场思维，退耕区各级地方政府不应过度干预后续产业培育过程，不应"一刀切"或规模化推进后续产业发展；应充分尊重后续产业发展中的农户内在需求，给予退耕农户更多的自主权与主体性，切实维护退耕农户的参与权、知情权与选择权，鼓励退耕农户积极发展、参与或联合专业合作社、家庭农场、专业大户与龙头企业等新型农业经营主体；应坚持市场主导、政府引导与农户参与的基本原则，积极营造良好的产业环境、政策环境与经济环境，重点扶持退耕农户发展林下经济、林业旅游与休闲服务、非农就业等后续产业，不断增强退耕农户的自我发展能力，不断增强生态脆弱区退耕还林工程后续产业发展活力。

3.3 退耕区后续产业发展的基本思路

3.3.1 单一产业层面的后续产业发展

从单一产业层面来看，退耕还林工程后续产业培育应着力于关注生产要素的提升、需求条件的改善、支持性产业的发展等。产业发展严格依赖于生产要素，生产要素的提升对后续产业培育发展至关重要。随着生产要素的不断完善，各地区的交通运输、网络通信等基础设施水平不断提升，越来越多的社会资金用于推动地区经济发展，从而转变该地区产业发展布局与市场竞争态势；同时，生产要素的提升也将促进新产品、新技术、新工艺的进一步发展，进而产生新的需求、新的市场。因此，各退耕区应充分意识到生产要素提升的重要实践价值，积极改善退耕区交通、道路、通信、网络等基础设施，以优化退耕区产业发展的基础条件，为吸引社会资本投资、加快技术创新与突破、创造新的需求等奠定物质基础。

需求条件改善与新需求生成是培育、发展后续产业的重要因素。需求条件改善与新需求生成将使得越来越多的企业参与市场竞争以占领市场高地、满足市场需求，各同质企业相互联结、相互促进、相互影响、相互耦合，在区域内形成具有较大竞争力与发展潜力的新型产业，并带动相关及支持性产业的发展。同时，需求条件改善与新需求生成将吸引越来越多的企业参与市场竞争，各企业特别是规模化创新企业将不断加大技术研发投入力度，不断与科研机构协同创新，以寻求技术升级、产品创新或工艺再造，进而提升其市场竞争优势等。因此，各退耕区应根据消费市场的最新态势，适应消费升级的发展动态，积极挖掘各群体的大量消费潜力，找准新需求，做好新供给，扩大消费市场发展新动能，为退耕区后续产业培育提供市场基础与需求活力，不断增强后续产业的可持续发展能力与高质量发展水平。

任何产业的生成与发展都不是孤立的，而是需要其他相关及支持性产业的多元支撑。金融、财税、信贷、中介服务、行业组织等相关及支持性产业发展将为小规模企业特别是发展潜力大、发展前景好、发展动力强的小规模企业提供积极支持，加快推进企业的规模化与优质化发展，进而带动整体产业的可持续发展；相关及支持性产业发展将为扩大企业发展规模、提升企业技术水平、提高员工职业技能等提供积极支撑，进而推动区域生产要素状况的不断完善与持续优化。因此，各退耕区应加快推进金融、财税、信贷、中介服务、行业组织等相关及支持性产业发展，为退耕还林工程后续产业发展营造良性外部环境,创新积极发展机遇,奠定坚实基础。同时,各退耕区应结合区域资源禀赋,着眼于后续产业培育所需的资金、人力、基础设施等一系列外部因素,重点关注退耕区后续产业培育的关键生产要素,重点关注需求培育与供需均衡,重点关注服务性或支持性产业发展,培育及发展具有较高适宜度、发展潜能、竞争优势与社会经济贡献的特色后续产业。

3.3.2 产业体系层面的后续产业发展

生态脆弱区退耕还林工程后续产业发展应充分考虑现有的产业发展格局、政府产业政策、外部投融资环境与生态安全水平等因素,通过第一产业、第二产业、第三产业的联动发展与多元融合选择培育退耕区特色优势产业,实现退耕区产业协调、生态-经济耦合发展的目标。党的十九大报告提出"促进农村一二三产业融合发展,支持和鼓励农民就业创业,拓宽增收渠道"的决策部署,2018年中央一号文件提出大力开发农业多种功能,构建农村一二三产业融合发展体系等精神,将农村一二三产业融合发展作为构建规模农业产业体系、现代农业经营体系与现代农业生产体系的重要举措,作为培育农村新产业、新业态与新模式壮大农业农村发展新动能的重要途径。

为培育退耕还林工程后续产业,各退耕区应积极推进农业与加工流通、休闲旅游、文化体育、科技教育、健康养生与电子商务等产业的深度融合,不断延伸农村产业链,提升产业价值链,完善农业利润链,通过"多业态打造、多主体参与、多机制联结、多要素发力、多模式推进"的农村产业融合发展体系,彻底打破传统经济发展框架下各产业间的相互独立状态,不断提升各个产业的发展竞争优势。各退耕区应根据区域资源要素禀赋与社会经济基础条件,研究、分析各产业间的联系机制与耦合原理,重点关注区域产业融合的新趋势与新形态,推动传统产业提质增效,不断产生新兴产业,形成"产加销消"互联互通的产业深度融合格局,努力助推乡村产业兴旺。各退耕区应加快落实政策引导,促进创业创新,完善产业支撑与体制机制带动,通过政策引导、企业带动、项目推进,加快发展循环农业、绿色农业、低碳农业、休闲农业等现代农业,提升农产品有效供给能力与有效供给规模,不断夯实农村产业融合发展基础,不断增强农业第一产业发展活力;统筹推动农产品初加工、精深加工、综合利用加工协调发展,不断增强农产品加工业的引领带动能力,不断提升农业第二产业发展效能;大力发展金融服务、物流配送、电子商务、休闲农业、乡村旅游与休闲服务业等新兴产业,引导第三产业逐步实现主体多元化、业态多样化、设施现代化、发展集聚化、服务规范化,拓宽产业融合发展新途径;引导农村一二三产业跨界融合、紧密相连与一体化推进,形成农业与其他产业深度融合发展格局,催生新产业、新业态、新模式。因此,退耕还林工程区应立足通过第一产业、第二产业与第三产业的联动发展和深度融合,统筹协调资金、设备、技术、人才、自然资源等诸多生产要素,在农村一二三产业融合发展过程中生成新产业与新业态,为退耕区后续产业发展奠定积极基础。

3.3.3 区域发展层面的后续产业发展

区域产业发展应综合考虑其地理区位条件、资源禀赋特征、市场经济环境与社会发展格局,不断优化产业发展布局,提升产业发展质量。但从产业发展现实来看,单纯地从某一县(市)层面进行后续产业发展与优势产业培育往往是较为困难的,其往往需要从相邻区域或大区域范围进行产业发展规划与产业整体布局,进而推动新时代区域协调发展。生态脆弱区退耕还林工程后续产业发展应以区域协调发展为主体,切实增强区域内发展动力,推动生产要素跨区域有序流动,促进生产资源配置的均等化,实现产业发展的区域互动、城乡联动与多区域统筹。各退耕区应充分挖掘自身比较优势,明确规模化退耕后的区域产业发展定位,充分发挥退耕农户的主体性、创造性与能动性,培育产业发展特色与品牌优势,形成多元化特色产业发展布局,并着力于形成合理的产业分工格局与经济发展圈层,夯实区域协调发展基础,形成跨区域、多业态、广协同的产业空间发展布局。各退耕区应加快完善产业跨区域协调发展的保障机制,充分发挥市场在资源配置中的决定性作用,更好地发挥政府主体的引导、扶持、激励、规制作用,努力创造产业健康发展的市场环境,充分激发市场主体和社会主体的发展活力与创新热情;各退耕区应统筹各地区各级各类产业发展规划,推动退耕区产业发展规划与区域性战略规划、跨地区战略规划、国家战略整体部署的有序衔接和有效配合,形成后续产业跨区域协调发展的新机制,形成退耕区后续产业跨区域发展合力与新动力。

各退耕区应加快转变旧经济模式,实现产业发展在生产、交换、消费、分配各个环节的更新与再造,使价值链上下游的分工转变为跨区域产业价值上的共享与交互,使不同区域、不同产业、不同企业的竞争关系转变为合作关系,形成全新的资源配置方式或利益分配模式,并不断探索形成跨区域的开放化、生态化、分布式与模块化的新型产业空间布局和组织方式,加快形成跨区域衔接、多区域联合的产业生态体系。各退耕区应加快转变经济发展方式,加快建设创新发展载体与创新发展平台,加快推进科技创新与科研成果产业化,加快推动创新型科技企业等创新主体培育,加快建立健全产业技术服务平台,加快完善人才、资金、科技中介等产业服务体系,为区域产业转型升级、接续替代产业发展、特色优势产业培育、全面构建跨区域产业协同发展体系提供动力支撑。

3.4 典型生态脆弱区退耕还林工程后续产业发展实践

3.4.1 宁夏退耕区后续产业发展实践

宁夏是退耕还林工程的重要工程区,也是典型的生态脆弱区与少数民族聚居区。截至2013年底,宁夏累计完成第一轮退耕还林工程任务达1 305.5万亩(其中,退耕还林471万亩,荒山造林和封山育林834.5万亩),工程覆盖宁夏全区21个县(市)、152个乡(镇、场)、1 461个行政村、32.32万多个退耕农户、153万多个退耕农民。宁夏全区获取国家第一轮退耕还林中央财政退耕专项补助121.04亿元,退耕农户人均直接受益5 568元,退耕

第3章 退耕还林工程后续产业发展机制

补助成为退耕农户重要的收入来源。宁夏因实施退耕还林工程使全区森林覆盖率提升 4.23 个百分点,区域生态环境质量不断提升,生态安全水平不断增强;同时,相当比例的退耕农户从传统农业生产经营中解放出来转而发展第二产业与第三产业,农户收入渠道不断拓宽,收入水平不断提高。第一轮退耕还林工程成为宁夏增绿富民发展的重要举措。随着退耕还林面积的不断增加,退耕农民不仅能及时、足额享受到政策补助,而且大部分退耕农民从赖以生存的土地上解放出来发展劳务经济,成为工程区农民增收致富的新亮点。

为巩固退耕还林工程成果,宁夏出台了《关于加快发展后续产业巩固退耕还林退牧还草成果的若干意见》,提出"加快培育和发展后续支柱产业,统筹解决农民增收问题"。意见提出大力发展草畜产业、优质马铃薯产业、特色林果业、中药材产业和菌草等地方特色产业。宁夏确立了"立草为业、以养而种、以种促养、以养增收"的退耕区草畜产业发展新思路,加快发展生态型草畜产业,推动退耕区由传统农业种植业向现代生态畜牧业发展的转变;加大畜禽良种推广补贴力度,大力推广饲草料科学配置、牲畜科学养殖、动物疫病防治等综合配套技术,不断提升牲畜养殖水平与产业效益;同时,积极推广林草间作、草灌结合模式,因地制宜地发展紫花苜蓿、红豆草等优质牧草,稳步扩大青贮玉米种植面积,加快建设柠条等灌木饲料资源。结合退耕还林工程,宁夏加快实施枸杞"南进"计划,在原州区、同心、红寺堡等适宜地区,重点在清水河两侧建设枸杞产业带,在同心、原州区各建成千亩以上的节水生态枸杞科技示范区;根据市场需求,在彭阳、原州、西吉、隆德、海原南部、同心东部、盐池麻黄山等地建设杏产业带,在红寺堡、同心、盐池、灵武等地建设红枣产业带,加快形成枸杞、"两杏"、红枣、小杂果等特色林果标准化生产示范基地。依托各地资源优势,各退耕区加快发展菌草、小杂粮、桑蚕、油料作物、西甜瓜等产业,制定、完善产业发展规划,调整、优化布局,扩大种植、加工规模,逐步把地方特色产业打造成强势产业;同时,大力推广"龙头企业+农户"或"龙头企业+基地"的经营方式,实行区域化布局、专业化生产、标准化管理、集约化经营和社会化服务,实现"产加销""贸工农"一体化,不断提高产业化经营水平;加快龙头企业的技术创新步伐,扶持开发、研制新产品,延伸产业链,增强后续产业发展后劲。

以宁南山区为例,宁南山区自退耕还林工程实施以来,仅2005年劳务输出达56.1万人次,远高于1999年的30.73万人次,2005年家庭平均年纯收入6 239元,远高于1999年的4 107元,宁南山区退耕农户劳务收入占农民人均年纯收入的45%以上,非农就业成为宁南山区退耕农户重要的生计途径。退耕还林工程实施以来,宁夏宁南山区大力发展林草间作,工程区林草间作面积增加190余万亩,年产优质牧草料11.4万吨,为山区畜牧养殖提供丰富的饲草料;同时,宁南山区积极引进、培育饲草料生产加工企业,建成以退耕区紫花苜蓿和柠条为原料的饲料加工企业与饲料加工示范点,极大地满足了宁南山区畜牧业发展的饲草料需求,极大地推动了地区现代畜牧业发展。

3.4.2 陕西退耕区后续产业发展实践

1999年,陕西省率先设立退耕还林工程试点,截至2018年,全省累计完成国家下达的退耕还林计划任务4 033.7万亩(其中,退耕地造林1 861.5万亩,荒山造林1 932.7万亩,封山育林239.5万亩),有效治理水土流失面积9.08万平方公里,森林覆盖率由退耕前的30.92%增长到43.06%,净增12.14个百分点,工程惠及230万退耕农户、915万农民,人均退耕补助3 776元。为巩固退耕还林工程成果,陕西退耕区加快发展核桃、板栗、花椒、柿子、红枣、茶叶等名特优经济林生产,退耕区大量农村劳动力转而从事种植业、养殖业、设施农业、农村工商业或者外出务工,拓宽了增收渠道,农民收入稳步增长,加快了农业产业结构调整步伐。当前,退耕区农民从事设施农业、特色林果业、草畜业、劳务输出等的收入已占到农户总收入的70%左右,特别是经济林果业得到快速发展。全省退耕还林发展核桃、红枣、茶叶等经济林总面积近1 000万亩,基本形成了"秦巴山区以核桃、板栗为主,渭北旱塬区以核桃、花椒、柿子为主,黄土高原区以红枣、山地苹果为主"的区域经济林发展格局,并形成了一大批经济林专业村、专业户。以紫阳县为例,截至

2018年底,紫阳县共完成新一轮退耕还林工程任务5.6万亩,工程覆盖全县17个镇、81个行政村、14 723个退耕还林主体;新一轮退耕还林工程的实施助推退耕农户直接增收3 179元,转移劳动力外出务工2.2万人。为巩固退耕还林工程成果,紫阳县积极整合涉农项目资金1 820万元,大力推进茶、核桃、花椒、特色水果等经济林产业园区建设,并注重农旅融合综合功能开发,积极打造生态旅游观光园和农事体验园,实现了退耕区传统农业生产向休闲农业等多功能农业发展的转变。

自退耕还林工程实施以来,陕西省延安市共完成退耕还林1 077.47万亩,全区森林覆盖率提升至46.35%,全区植被覆盖率提升至81.3%(2017年),水土流失总量降幅达88%;退耕农户户均直接政策补助达3.9万元,人均补助9 038元。为巩固退耕还林工程成果,延安市遵循"一村一品、一县一业"的产业发展思路,积极推进退耕区经济结构调整与发展方式转变,积极发展设施农业、高效农业与现代化优质农业,推进建设了优质苹果生产基地400万亩、优质粮食生产基地300万亩、特色干果生产加工基地100万亩、绿色蔬菜生产基地50万亩与现代畜禽养殖基地,同时大力发展油用牡丹、药材、食用菌等特色经济作物种植与林下养殖,使得特色经济林果业、蔬菜园艺、舍饲养殖、生态旅游成为延安退耕区的农业主导产业。延安市退耕区后续产业发展实现了退耕区生产方式由以粮为主向积极发挥特色优势产业发展转变,由分散、粗放的传统生产经营向标准化、规模化、集约化、产业化的现代生产经营转变,使后续产业发展成为巩固退耕还林工程成果的重要路径。为推动退耕还林工程稳步、有序实施,汉中地区结合区域资源状况与社会经济发展水平,积极推动生态建设、产业发展与农业增收的有机结合,大力发展木本粮油作物、木本药材、特色经济林产业等后续产业,核桃、板栗、厚朴、杜仲、茶叶、银杏等成为退耕农户增收致富的重要产业。陕西省退耕区后续产业发展推动了退耕区生态建设、环境保护与区域经济发展的紧密结合,成为巩固退耕还林工程成果、推动新一轮退耕还林工程有效持续运行的重要保证。

3.4.3 贵州退耕区后续产业发展实践

贵州省退耕还林工程是国家投入最大、涉及面最广、成效最显著、群众最拥护的一项林业重点工程。贵州省上一轮退耕还林工程于2000年试点，2002年全面实施，2007年转入巩固成果阶段。工程涉及全省88个县（市、区）、1 403个乡镇、14 012个行政村和197.4万农户、823.8万人。全省退耕还林区生态环境明显改善，农民收入大幅增加，粮食产量稳步增长，农村劳力得到解放，群众生态意识有所增强。据统计，监测区2014年植被总盖度从退耕前的12.4%增加到95%，森林覆盖率提升近7个百分点；10个监测县的农民人均纯收入从2001年的1 272元提高到2014年的7 063元，高于同期全省平均水平。

2010—2014年，10个监测县的粮食产量由159.91万吨增加到217.1万吨，人均粮食由432公斤增加到495公斤。为巩固退耕还林工程成果，贵州积极扶持、发展退耕区后续产业，重点培育木本油料、木本中药材、饮料调料、笋用竹、精品水果及林化工原料等特色优势经果林，积极支持农民发展林下经济。自上一轮退耕还林实施以来，贵州大方县穿岩村退耕还林4 432亩，森林覆盖率从1987年的16.8%提高到2018年的72.4%。同时，依靠全村1.28万亩林地，该村大力发展林下仿野生天麻、林下冬荪、森林旅游等特色产业，实现了林业产业"接二连三"发展，2018年人均纯收入达到9 300元，比退耕还林前增长了45倍。

黔西南州是生态环境脆弱、森林资源匮乏、石漠化面积大、贫困程度深的石漠化集中连片贫困地区，也是贵州退耕还林实施的重要工程区。截至2018年，全州累计完成退耕还林工程造林410.3万亩。其中，第一轮退耕还林实施面积达214.7万亩，覆盖全州129个乡镇、1 229个行政村，涉及农户14.67万户、63.5万人；退耕农户户均直接获得补助7 847元，人均1 813元。新一轮退耕还林实施面积达195.6万亩，覆盖9县（市、新区）、136个乡（镇、街道）、1 099个行政村（社区），涉及退耕农户30.31万户、117.83万人；共得到补偿资金23.58亿元，户均7 780元，人均2 001元。黔西南州森林覆盖率从2000年的31.81%提高到2018年的57%。其中,退耕还林工程累计造林410万亩,为森林覆盖率的提高贡献了16.41个百分点,生态环境得到显著改善,退耕还林工程生态效益不断增强。为巩固退耕还林工程成果,黔西南州依托丰富的自然资源与生物多样性优势,加快推进农业产业结构调整,加快培育退耕区后续产业,形成了以普安县、晴隆县为主的茶叶、核桃产业,以安龙县为主的刺梨、樱桃产业,以望谟县为主的板栗、油茶产业,以册亨县为主的杉木、油茶产业,以贞丰县为主的花椒、李子、百香果产业,以兴仁市为主的枇杷产业,以及以兴义市为主的精品水果、花卉等特色林业产业基地,为助推退耕还林工程稳固实施、拓宽地方经济发展空间、实现退耕还林工程生态效益-经济效益-社会效益协同统一奠定了坚实基础。

3.4.4 甘肃退耕区后续产业发展实践

1999年,甘肃开展退耕还林工程试点工作,截至2013年,全省共完成退耕还林2 845.3万亩(其中,退耕地造林面积1 003.3万亩,荒山造林面积1 605.5万亩,封山育林面积236.5万亩),工程覆盖全省14个市(州)、85个县(区),涉及166.9万农户、728.5万人。新一轮退耕还林工程(2014—2020)实施以来,甘肃已完成退耕还林657.8万亩,惠及14个市(州)80个县(市、区)的72.14万农户。随着退耕还林工程的稳步推进,大量农村剩余劳动力选择外出务工或从事农副产品的储藏、加工、运输、销售和旅游等非农工作,退耕农户生计行为呈现显著多元化趋势,农村产业结构不断优化,农村第二、第三产业发展活力不断提升。为巩固退耕还林工程成果,甘肃省积极发展生态旅游业、经济林果业、林下种养殖等后续产业,不断拓宽退耕农户的收入渠道,不断提升退耕农户的收入水平,不断提高退耕农户的生活质量。截至2017年,全省共有专业旅游村650个、农家乐13 937个;2017年,甘肃全省接待国内旅游人数2.39亿人次,全省旅游收入达1 578.7亿元,乡村旅游与休闲服务业体验人数达7 036万人,总收入近130亿元,退耕区休闲产业发展活力不断提升,乡村旅游业成为巩固退耕还林工程成果的重要实践。退耕区积极引导退耕农户发展林下中草药种植,并加大对金银花、当归、黄芪、柴胡等林下中药材种植的技术服务与技术培训,使林下经济成为退耕农户增收致富的重要抓手;各退耕区因地制宜、因人制宜,结合区域气候条件、环境状况与产业态势,鼓励退耕农户从事经济林果种植采集与加工、速生丰产林种植、林下珍稀畜禽养殖,并引导农户兴办参与家庭林场、林业专业合作社,通过退耕地林业合作经营增强后续产业发展效能;各退耕区应借助退耕还林工程载体,积极发展苹果、核桃、花椒、枸杞、红枣、大樱桃等特色经济林果业,鼓励退耕农户通过土地流转发展规模化林果业,不断拓宽增收路径。

甘肃省泾川县依托区位优势与产业基础,结合现代林果业发展趋势与市场需求,全面适应"生态、安全、营养"的特色林果消费理念,加快推进退耕区特色林果业转型升级,建成特色林果绿色认证基地 10 万亩、出口创汇基地 5 万亩、有机果品基地 35 万亩、全球良好农业规范认证基地 4 400 亩,并全面落实增施有机肥、果品绿色防控、林下植被化等关键技术,退耕区特色林果业发展成为巩固退耕还林工程成果的重要实践。为不断优化退耕区后续产业发展布局,泾川县积极探索"果、畜、沼、窖、草"配套和"牛-沼-果、菜-沼-果"循环发展新思路,形成特色果品、现代畜牧、绿色蔬菜互支互促、融合发展的特色后续产业发展新格局。泾川县大力发展林下经济,落实树种改优 7.08 万亩,林下种植 9.6 万亩,发展林下养鸡 236 万只,建成林产品加工企业 6 户,组建林业专业合作社 101 个,林下经济总产值达到 3.6 亿元,参与林下经济发展农户户均增收 6 428 元;庆阳市退耕还林发展林下经济面积 83 万亩,参与农户 12 万户,年产值 6 亿多元,户均产值 5 000 元。林下经济成为退耕农户增收致富的重要抓手,成为生态脆弱区退耕还林工程区后续产业发展的重要实践。

3.4.5 新疆退耕区后续产业发展实践

新疆是典型的生态环境极度脆弱区、绿洲农业灌溉区,也是退耕还林工程的优先区与重点工程区。全区森林覆盖率由工程实施之初的 1.92% 提高到现在的 4.87%,仅退耕还林工程就使全区森林覆盖率增加了 0.7 个百分点。截至 2018 年底,国家向新疆累计投入退耕还林资金 128.6 亿元,受益农户达 42.36 万户,涉及 170 万农村人口,户均直接政策补助 2 万元。新一轮退耕还林工程实施以来,新疆在环塔里木盆地防风固沙区、准噶尔盆地绿洲防护区、伊犁河谷风沙治理区、吐鲁番-哈密盆地防风固沙区、山区丘陵 25°以上坡耕地水土保持区和重要江河湖泊水源涵养区 6 大区域,重点推进开展新一轮退耕还林工程。为不断巩固退耕还林工程成果,提升退耕农户的整体收益,新疆各退耕区依托区域自然资源条件与产业经济现状,积极培育发展特色林果、现代畜牧等特色后续产业。2016 年,阿克苏地区林果总面积达 452 万亩,其中核桃 204 万亩、红枣 155 万亩、苹果 39 万亩、香梨 17 万亩,果品总产量 214 万吨,总产值 123.5 亿元,培育林果生产加工企业、农民专业合作社 500 余家,农民人均林果纯收入 4 345 元,约占农民人均纯收入 12 626 元的 34.4%。退耕还林等生态工程在减轻风沙危害、绿化美化生态的同时,给阿克苏农牧民带来了丰厚的"绿色红利",为特色林果业提质增效打下了坚实的生态和资源基础。

温宿县退耕还林主栽树种为核桃,在完成的退耕地造林总面积 31.95 万亩中,核桃种植面积为 21.41 万亩,约占退耕还林总面积的 67%。温宿县是"中国核桃之乡"、全国第二批有机果品示范创建县,作为全疆最大的优质核桃栽培生产基地县,其核桃生产在单位产量、良种使用率、管理水平、内外品质、市场占有率等方面的比较优势非常明显。2016 年,全县以核桃、红枣为主的特色林果面积达 122.4 万亩,果品总产量达到 38.33 万吨,农牧民人均林果纯收入由 2002 年退耕还林前的 135 元增加到 2016 年的 10 071 元,约占全县农牧民人均纯收入 15 502 元的 65%。温宿县退耕还林工程启动之初,就将红枣、核桃作为退耕还林后续产业和农牧民长远生计的主要树种强力发展,目前全县累计已发展红枣面积 41 万亩、核桃面积 71 万亩。全县林果企业、合作社发展到 98 家,"企业+合作社+基地+大户+农户"产业化经营模式日趋成熟,培育出"宝圆核桃""果满堂大枣""塞外红苹果""恒通果汁"等 13 项名牌产品,逐步形成了以温宿县为生产加工基地、以浙江为销售中心辐射长江三角洲城市群、珠江三角洲城市群的营销网络,销售额达 14 亿元以上。

3.5 本章小结

本章论述了赫希曼产业关联理论、罗斯托经济增长理论、熊彼特经济创新理论等退耕区后续产业培育的基础理论,提出了退耕区后续产业培育应坚持的"突出特色、因地制宜,统筹兼顾、生态优先,市场主导、政府扶持"等基本原则;明确了退耕区后续产业培育在单一产业层面、产业体系层面与区域发展层面的基本思路,为生态脆弱区退耕还林工程后续产业培育提供理论支持;概述了宁夏、陕西、贵州、甘肃、新疆等生态脆弱区退耕还林工程后续产业培育与发展实践。

第4章 退耕还林工程区特色林果业发展

从宁夏、陕西、贵州、甘肃、新疆等生态脆弱区退耕还林工程后续产业发展实践来看,特色林果业是巩固退耕还林工程成果、增强退耕还林工程综合效益、提升退耕农户比较收益的重要实践,是实现退耕还林工程健康、有序、可持续发展的重要后续产业。

4.1 退耕区特色林果业的发展环境

4.1.1 优势分析

1. 自然资源优势

宁夏、陕西、贵州、甘肃、新疆等生态脆弱区具有丰富的光、土、热等自然资源,日照时间长,昼夜温差大,自然降水稀少,为特色林果业高质量发展提供了适宜的生态条件,使得新疆等退耕区特色林果品质好、质量优、产量高,使其具有特色林果种植的自然垄断优势。从果品类型来看,宁夏(枸杞、"两杏"、红枣、小杂果等)、陕西(核桃、红枣、柿子、板栗等)、贵州(核桃、刺梨、樱桃、板栗、李子、百香果、枇杷等)、甘肃(苹果、核桃、花椒、枸杞、红枣、大樱桃等)、新疆(红枣、苹果、香梨、核桃、杏、桃、巴旦木、葡萄、石榴、无花果等)等退耕区具有丰富的果树种质资源与果类品种,为退耕区特色林果业培育发展提供了丰富的物种基础。

2. 产业基础优势

依托于丰富的种质资源与适宜的生态条件,宁夏、陕西、贵州、甘肃、新疆等生态脆弱区经过多年探索与实践,初步形成了具有较大竞争优势与发展活力特色的林果发展布局,初步形成了一批发展前景好、加工增值能力强的林果精深加工企业,特色林果业逐渐成为调整优化农业产业结构、有效增加农户家庭收入、有序拓宽农户收入渠道的重要抓手。生态脆弱区特色林果的种植与加工实践取得了积极进展和发展实践,为退耕还林工程区特色林果业培育与发展奠定了良好的种植基础和产业基础,为加快推进退耕区特色林果业规模化发展与内涵式增长、加快提升退耕区特色林果加工增值能力与市场竞争能力、加快提升退耕农户的林果生产经营收益创造了积极条件。

3. 政策导向优势

在农业供给侧结构性改革的整体框架下,特色林果业成为农业现代化发展与农业高质量发展重点关注的问题。2017年中央一号文件提出"做大做强优势特色产业,实施优势特色产业提质增效行动计划,促进蔬菜瓜果等产业提档升级";2019年中央一号文件提出"加快发展乡村特色产业,因地制宜发展多样性特色农业,倡导'一村一品''一县一业'",积极发展特色林果业;各省区也出台了特色林果业发展规划与发展意见,确立了特色林果业在促进区域经济可持续发展、调整农业产业结构、增加农户收入、推动集中连片地区精准脱贫中的重要作用,提出了具有较高针对性、适宜性与操作性的特色林果业培育发展的整体框架与促进措施,为退耕区特色林果的优势产业或主导产业培育提供了积极政策环境,为退耕区特色林果业的培育与发展奠定了积极的政策基础。

4. 地理区位优势

在"一带一路"倡议整体部署下,宁夏、陕西、贵州、甘肃、新疆等省区是"丝绸之路经济带"的重要区域,新疆更是"丝绸之路经济带"的核心区与桥头堡,独立的地理区位、开放的经济环境、积极的贸易政策等使其具有广阔的发展空间与重要的发展机遇,为特色林果业高质量发展与特色优质林果出口提供了有效条件。以新疆为例,新疆是面向中亚、西亚、南亚、东欧、西欧的市场前哨,与其具有长期贸易关系的国家及地区达118个,使其具有面向两个市场(国内市场与国际市场)的基础条件,为区域特色林果业出口贸易奠定了积极基础,在满足国内外高品质特色林果需求上具有显著的区位优势。

第4章 退耕还林工程区特色林果业发展

4.1.2 劣势分析

1. 林果产品有效供给不足

从供需结构来看,宁夏、陕西、贵州、甘肃、新疆等生态脆弱区特色林果品呈现显著的供需结构失衡,特色林果业供给侧结构性矛盾突出,表现为特色林果业有效供给不足、果品质量参差不齐等。长期以来,各地区高度关注特色林果业的经济增长与农户增收贡献度,快速推动特色林果业规模化种植而忽视了林果产品质量,形成了规模式扩张与内涵式增长的内在矛盾,优质、绿色林果品有效供给规模与供给效率明显不足,降低了各地区特色林果业的发展效能。各地区特色林果业科学化管理水平较低,林果生产成本偏高,特色林果生产全过程质量管理程度偏低,且果农普遍缺乏农产品质量安全意识,滥用化肥、农药、生产调节剂,致使特色林果农药残留严重超标,无公害果品、绿色果品与有机果品供给规模难以满足市场需求,各地区特色林果在国际市场上的竞争优势明显不足,形成国内市场果品饱和、国际市场占有份额低下的不利格局,极大地缓滞了特色林果业的可持续发展。

2. 林果产业生产方式粗放

从当前来看,由于林果业生产经营机械适用度低、工作效率差,各地区林果生产多以传统人工种植、管控、采摘为主,加之果农整体素质低下、林果生产经营技能不足,特色林果业管理较为粗放,林果整形修剪与疏花疏果措施不当,林果病虫害绿色防控技术推广缓慢,林果水肥一体化施用效果不佳,林果采摘转运标准化不足,使得果品产量与质量难以满足市场需求。各地区特色林果业仍以农户分散种植为主,使得林果品种多而杂,林果品质参差不齐,林果生产标准化严重不足,难以产生积极的经济效益。同时,由于良种推广应用不足,果树更新速度缓慢,果农科学经营意识不足或市场需求预测能力弱化,使得各地区特色林果业的品种结构比例不当,突出地表现为鲜食、加工果品比例不当,以及早中晚熟果品品种比例不当等。

3. 林果产品加工深度不足

国务院办公厅《关于进一步促进农产品加工业发展的意见》(国办发

〔2016〕93号)提出"加快农产品初加工发展,以果品菌类和中药材等为重点,支持农户和农民合作社改善储藏、保鲜、烘干、清选分级、包装等设施装备条件,促进商品化处理",提升农产品精深加工水平,推动农产品加工业从数量增长向质量提升转变,以提高林果业综合效益与竞争力,增加果农收入。由于加工设备与加工技术较为落后,各地区特色林果加工深度显著不足,林果业多以鲜食果品直接销售为主,苹果、香梨、葡萄等特色林果产品制浆加工生产残渣利用率严重不足,且果品质量问题也使得林果加工效益不足,严重地制约了各地区特色林果产品加工业的可持续发展,严重限制了各地区特色林果业的提质增效。

4. 林果生产基础要素落后

特色林果业高质量发展依托于先进的经营管理技术与生产加工技术、完善的生产基础设施与物流配送设施、充足的发展资金投入等诸多基础性生产要素。但从当前来看,各地区对特色林果产业发展的支持力度依然不足,突出地表现为林果业绿色防控技术、水肥一体化技术、节水灌溉技术、自动化种植采摘加工技术、冷链物流技术等现代产业技术推广应用不足或技术研发深度不足,产业扶持发展资金倾斜力度不够,以及从业人员整体素质不强等问题,极大地影响了特色林果业高质量发展与内涵式增长,进而弱化了特色林果业对巩固退耕还林工程成果的促进作用。

4.1.3 机会分析

1. 有序实施新一轮退耕还林工程

2014年,中国重启新一轮退耕还林工程(2014—2020),以巩固第一轮退耕还林工程成果,增强生态脆弱区生态安全水平,加快调整农村产业结构,持续提升农户收入水平,不断拓宽农户收入路径。新一轮退耕还林工程充分尊重农户退耕意愿,充分遵循林业发展自然规律与生态环境修复根本机理,不再限定生态林与经济林的比例,允许退耕农户在不损害退耕林及林地附着植被的前提下自由进行林地生产经营,极大地提升了农户生产经营自主权与能动性,极大地提升了农户的退耕参与意愿与积极性。为充分挖掘退耕地经营比较收益,退耕农户积极营造核桃、苹果、红枣、梨、杏等特色经济林,为各退耕区发展特色林果业及特色林果加工业奠定了产业基础。因此,新一轮退耕还林工程是统筹协调国家生态目标与农户经济目标的重要探索,为各退耕区特色林果业规模化发展与内涵式增长创造了积极机遇。

2. 深入推进集体林权制度改革

集体林权制度改革是推动林业发展的动力源泉,是提高林产品供给能力的迫切需要,是促进农民就业增收的有效途径,是提升林业经济水平的必然选择。经过长期的探索与实践,中国集体林权制度改革已完成了明晰产权、承包到户的基本任务,集体林权制度改革进入了创新体制机制的新阶段。当前,集体林权制度改革主要集中于探索推行集体林地三权(林地所有权、承包权、经营权)分置,积极推进多种形式的适度规模经营,培育壮大家庭林场、专业大户、林业专业合作社、林业龙头企业等新型经营主体,推进特色林果、林下经济、森林旅游与休闲服务等绿色富民产业发展等。深化集体林权制度改革立足于通过落实集体所有权、稳定农户承包权、明确经营权权能,适应农村土地流转、农村经营主体调整、农村生产发展现状的新形势,不断提升林业生产经营活力;通过适度规模经营与培育新型经营主体,提升集体林业的规模化水平、市场化能力与产业化优势,不断增强集体林业生产发展的经营效能;通过发展特色林果业等绿色富民产业,把增加林业生态产品供给与农民增收致富作为主要任务,把森林资源培育作为基础职能,把提升经济效益作为主攻方向。因此,深化集体林权制度改革为退耕区特色林果业高质量发展提供了重要机遇,切实有效地保障了林果经营主体的生产经营收益,切实有效地供给了产业扶持、财政支持、税收优惠、金融服务等优惠政策。

3. 加快培育新型林业经营体系

为深入贯彻落实《中共中央 国务院关于深入推进农业供给侧结构性改革加快培育农业农村发展新动能的若干意见》(中发〔2017〕1号)、《国务院办公厅关于完善集体林权制度的意见》(国办发〔2016〕83号)和《国家林业局关于加快培育新型林业经营主体的指导意见》(林改发〔2017〕77号)精神,退耕区加快构建以家庭承包经营为基础,以林业专业大户、家庭林场、农民林业专业合作社、林业龙头企业和专业化服务组织为重点,集约化、专业化、组织化、社会化相结合的新型林业经营体系。加快培育新型林业经营体系有助于推动集体林业的适度规模经营,充分释放林业发展新动能,全面挖掘林业发展新潜能,进而实现林业增效、农村增绿、农民增收的多元目标。因此,加快培育新型林业经营体系为退耕区特色林果业高效、健康、有序、稳固、可持续发展提供了重要机遇,也是退耕区特色林果业高质量发展的重要举措。

4. 有序推进农业供给侧结构性改革

《中共中央 国务院关于深入推进农业供给侧结构性改革加快培育农业农村发展新动能的若干意见》(中发〔2017〕1号)提出,"实施优势特色农业提质增效行动计划,促进杂粮杂豆、蔬菜瓜果、茶叶蚕桑、花卉苗木、食用菌、中药材和特色养殖等产业提档升级,把地方土特产和小品种做成带动农民增收的大产业""加快推进特色农产品优势区建设,制定特色农产品优势区建设规划,鼓励各地争创园艺产品、畜产品、水产品等特色农产品优势区,推动资金项目向优势区、特色产区倾斜"。特色林果业是调整农业产业结构、推动农户增收致富的重要抓手,是农业供给侧结构性改革的重要区域。农业供给侧结构性改革的有序推进为调整特色林果业发展区域结构、培育特色林果业发展优势区、扶持特色林果业新型主体、培育特色林果发展新动能、促进特色林果业升级提出了工作主线与改革要求,为退耕区特色林果业高质量发展提供了重要机遇。

4.1.4 威胁分析

1. 国外优质果品的市场冲击

随着全球经济一体化格局的不断深入,国外新鲜果品等农产品纷纷瞄准中国市场,并以高品质、低价格、强品牌、高标准等直接冲击着中国特色林果市场,美国苹果、樱桃、橙子、莓类等新鲜水果在中国市场呈现较强的竞争优势,极大地压缩了我国特色林果业的生存空间,极大地威胁着我国特色林果业的可持续发展。2018年,我国水果市场更是出现苹果滞销(山西)、梨子滞销(安徽)、灰枣滞销(新疆)、香蕉滞销(海南)等消极局面,严重地损害了国内果农的经营收益与生产积极性,进而缓滞了国内特色林果业的可持续发展。特色林果业是退耕区最具优势与代表性的后续产业,是巩固退耕还林工程成果的最普遍的实践探索,是提升退耕农户收入水平与生活质量的最有力的抓手。但与此同时,国外优质果品的市场冲击也将为退耕区特色林果业发展带来艰巨挑战,是当前退耕区特色林果业发展必须应对的威胁,也将倒逼退耕区特色林果业多措并举实现产业提质增效。

2. 国内特色林果产品的同质化竞争

从当前来看,国内特色林果市场同质化现象较为严重,极易陷入长期价格战的恶性竞争桎梏,使得果农、林果企业、林果销售商等相关利益主体难以有效实现多元共赢,进而危及国内特色林果业的可持续发展。国内特色林果产品的同质化竞争主要源于各区域果品种植品种的高度趋同化,多以低端果品、鲜食果品为主,且果品上市时间基本一致,此种高度同质化成为国内特色林果业发展的主要痛点。究其原因,各地区尚未培育出最具地方特色与发展优势的优势果品品种,尚未根据本地区的自然条件与资源基础筛选出主导果品,尚未根据市场需求确定科学的林果业中长期发展规划,尚未结合产业发展趋向与消费市场特征挖掘出新的产业盈利点,加之各地区特色林果生产基地规模化发展与运动式推进。因此,国内特色林果产品的高度同质化竞争在一定程度上降低了退耕农户发展特色林果生产的积极性,进而降低了退耕区特色林果业的发展活力。

3. 农产品物流基础设施尚不完善

近年来,习总书记提出"发挥互联网在助推脱贫攻坚中的作用",积极发展农村电子商务,推进精准扶贫、精准脱贫。各级地方政府也充分认识到了农村电商的技术优势、市场优势与供需对接优势,积极发展农村电商。2019年,商务部也提出将加快补齐农产品冷链物流基础设施短板。但从当前来看,特色林果等鲜食农产品物流发展所需的冷链物流基础设施建设仍明显滞后,"产地仓+冷链专线"农产品物流发展模式培育缓慢,使得特色林果仓储难、配送难仍未得到根本性解决,果品流通过程中的高损耗率问题仍未得到根本性缓解,县乡村三级物流配送体系的"最先一公里"问题仍未根本性畅通。因此,农产品物流基础设施尚不完善将在一定程度上阻碍退耕区特色林果业的可持续发展。

4. 农产品品牌保护力度尚需增强

随着社会主义市场经济体系的建立健全和农业供给侧结构性改革的不断深入,一大批特色农产品区域品牌逐渐打响,一大批地理标志产品进入市场,消费者对优质农产品品牌的认可度与满意度不断增强。但部分农产品区域品牌被频繁冒用,农产品市场鱼龙混杂,市场乱象较为严重,极大地降低了农产品品牌价值。从当前来看,"阿克苏苹果"等一大批地理标志产品品牌被无序地冒用、乱用、滥用,在一定程度上降低了消费者对特色农产品品牌的认可度与信任度。因此,农产品品牌保护力度不足、农产品质量可追溯体系"叫好不叫座"等问题在一定程度上扰乱了特色林果业的良性竞争秩序,进而损害了果农的生产经营收益,抑制了退耕区特色林果业的发展活力与发展效能。

4.2 退耕区特色林果业的发展思路与指导原则

4.2.1 发展思路

退耕还林工程区特色林果业发展应充分利用生态脆弱区新一轮退耕还林工程实施的重大机遇,充分尊重退耕农户的生计资本与发展需求,全面协调退耕还林工程的政府"生态目标"与农户"经济目标",以退耕区自然资源、区位条件、产业布局、市场态势等为依托,以特色林果标准化生产基地建设、林果结构调整、林果品质优化、林果新型经营主体培育、林果精深加等为核心,着力于提高特色林果业发展质量,巩固特色林果业在促进农民增收与生态环境修复中的重要作用;着力于优化特色林果业生产经营体系,增强特色林果业经营活力与经济效率;着力于提升特色林果业科技创新能力,增强特色林果的产品品质与技术增值能力;着力于优化各区域特色林果发展布局,提升特色林果业的综合生产能力与综合竞争能力;着力于加快特色林果业绿色防控体系建设,快速推进无公害果品、绿色果品、有机果品标准化生产基地建设,增强优质特色林果的供给规模、供给质量与供给效率;着力于建立健全特色林果业发展的长效机制,全面实现退耕区特色林果业提质增效,使其成为巩固退耕还林工程成果的重要后续产业。

1. 加强统筹规划,引导特色林果业有序发展

为巩固退耕还林工程成果,强化特色林果业的经济贡献与产业优势,各退耕区应立足国内市场与国外市场,利用国内资源与国外资源,着眼于退耕还林工程的多维目标(生态环境修复、生态环境保护、农村产业结构调整、农户收入提升、精准扶贫等),紧密结合退耕区资源禀赋、区位特色、产业结构与经济基础等,全面加强分类指导与统筹规划发展,提出具有较高针对性、指导性、操作性与实践性的特色林果业的战略重点、实施规划与发展方向,努力建设全面协调可持续发展的特色林果业产业体系、生产体系与经营体系。各退耕区应充分发挥政府主体的引导作用与市场主体的资源配置作用,根据特色林果的市场需求趋向与市场供求态势,适应性调整特色林果果品结构与发展方式,通过税收优惠、产业扶持、信贷支持、主体培育、技术培训等不断加大特色林果业的发展活力,不断提升特色林果业的现代化、标准化、绿色化、优质化与市场化水平;通过农业科技推广、绿色生产要素投入、知识产权保护、行业标准制定、经营管理方式优化等,不断提升特色林果业的精深加工能力,不断增强特色林果业质量管理效率,不断延伸特色林果业的产业链条,以实现特色林果业的可持续发展。

2. 加快技术创新,推进特色林果业提质增效

土地、劳动力、资本是产业发展的传统生产要素,是产业经济发展的根本性因素。随着社会发展进程不断加快,传统生产要素对产业经济发展的绝对贡献度不断降低,对推动产业经济可持续发展的促进作用与支撑能力不断放缓。科学技术是第一生产力,科技对世界各国农业发展的增长贡献不断增强。2017年,我国农业科技进步贡献率达57.5%,农作物耕种收综合

机械化水平达到67%,农业科技成为保障国家粮食安全与食品安全、促进农业高质量发展、提升农产品国际竞争优势与加快推进农民增收致富的核心要素。特色林果业发展依赖于土地、劳动力、资金、农用机械、农用物资、智能设备、基础设施等生产要素,尽管我国面向世界农业科技前沿、面向国家重大发展需求、面向现代农业建设主战场开展农业科技工作,以期提升农业自主创新能力与科技成果转化水平,但从整体上来看,我国特色林果业等现代农业生产经营技术创新与推广应用仍处于发展阶段,林果业仍存在经营管理较为粗放、林果绿色生产防控技术应用不足、林果储藏保鲜与冷链配送技术层次低、林果产业加工深度不足、林果产业化经营效率偏低、林果从业人员生产能力较弱等突出问题,使得各退耕区特色林果业发展的资源优势难以有效转化为市场优势。因此,为实现退耕区特色林果业的高质量发展,各地区应着力于提升林果业科技创新能力,以特色林果精深加工与绿色生产为切入点,加快推进特色林果业提质增效关键集成技术的创新、推广与应用;各地区应通过林果良种普及推广、林果树种品种调整更新、中低产果园改造与标准园建设、特色林果丰产栽培技术示范、林果病虫害绿色防治、果农生产经营技术培训等有效措施,不断提升特色林果业的科技进步贡献率、土地产出率与劳动生产率,不断提高特色林果的技术增值能力与产业延伸水平,不断优化特色林果的区域结构与产业布局,不断增强各退耕区特色林果业的市场竞争优势与产业发展活力。

3. 优化市场配置,推进特色林果产业集群

随着社会主义市场经济体系的建立健全,市场机制在资源配置中的作用越来越重要,在产业经济发展中的调节作用越来越显著。产业集群是市场机制主导推动下的产业经济发展战略,有助于有效降低交易成本、减少经营风险、增强企业经营活力;有助于了解并预测市场信息,加快企业产品创新与市场创新,根据市场需求变化新趋向提供高适应性产品;有助于集群内企业的专业化分工,增强集群内企业的技术联系、技术协同与技术扩散,推动整体产业集群的技术创新与技术进步。退耕还林工程为特色林果产业集群发展提供集聚种植与规模化种植等关键因素,退耕区特色林果业规模化

发展依赖并吸引一大批林果农资、农机、农艺、技术服务等生产服务性企业，且生产服务性企业与完善的产业配套设施又将强化各地区特色林果业的集聚效应。因此，各退耕区应积极完善财政扶持、技术支持、税收优惠、出口促进等优惠政策，积极优化资金、技术、政策、服务、体制机制等林果业发展服务体系与外部环境，加快推动、引导与扶持区域特色林果业的集群发展，为特色林果业集群发展奠定积极基础与良性支撑；同时，政府部门应强化政策引导与经济调控，促进各退耕区特色林果产业集群间形成耦合协调关系，实现各林果集群间相互影响、相互促进、同步发展，实现各区域特色林果业集约式规模化运行与高质量发展，切实增强各退耕区特色林果业的发展效能与产业贡献。

4. 培育特色品牌，增强特色林果发展质量

农产品品牌价值在一定程度上决定农业产业发展水平与发展质量，直接决定区域农业产业的市场竞争优势与可持续发展能力。各退耕区应以各级地方政府、林果企业、果农、相关社会组织为主体，加快推动创立、保护与发展特色林果品牌，充分体现特色林果的产业优势、特色优势与产品优势，不断增强特色林果的品牌价值，不断增强特色林果业的整体收益。各退耕区应加快推进特色林果品牌培育战略，整合、创建区域特色品牌与地理标志品牌，以应对大规模国外林果产品对国内水果市场的巨大冲击，不断增强国内特色林果业的国内外市场竞争优势；各退耕区应以特色林果业产业化经营纵深发展为动力，创出具有区域特色的果品品牌，培育具有区域特征与地域特色的品牌文化，不断延伸退耕区特色林果业的生存空间与发展空间，不断增强退耕区特色林果业的美誉度与满意度，不断增强退耕区特色林果业发展质量，进而提高特色林果业对退耕农户增收的直接贡献，以推动新一轮退耕还林工程的有效持续发展。

4.2.2 指导原则

1. 坚持市场导向

为巩固退耕还林工程成果，增强退耕区特色林果业发展效能，各地区应

发挥政府"看得见的手"与市场"看不见的手"的共同作用,充分发挥市场对资源配置的基础性导向作用,根据国内国外、埠内埠外特色林果市场的需求规律与需求趋向,加快调整、优化退耕区特色林果业的区域结构、产业结构、品种结构,加快推进特色林果业绿色生产技术、高质高效技术或生物防治技术的推广应用,不断增强退耕区特色林果业的供给质量与供给效率,切实增强退耕区特色林果业的市场适应性。

2. 坚持因地制宜

为增强退耕区特色林果业发展的质量,退耕区应坚持统筹规划、因地制宜等原则,根据退耕区林业产业基本布局、特色林果业基本现状、退耕区资源条件与经济基础,结合特色林果市场的需求状况与供给规模,有针对性地制定退耕区特色林果业发展规划;退耕区应科学界定特色林果的最适生态区,推进建立特色林果标准化生产基地,实地适地适树与区域化种植,将退耕区资源优势转变为产业优势。

3. 坚持适度规模经营

为适应农业农村社会经济发展新趋势,各地区着力于加大专业大户、家庭农场、农民专业合作社、农业龙头企业等新型农业经营主体的培育力度,鼓励开展各种形式的适度规模经营,以不断提升农业产业规模化经营水平与产业化经营能力。退耕区应根据三权(所有权、承包权、经营权)分置的文件精神,坚持效率优先、兼顾公平,充分尊重农户合作经营意愿与退耕林地流转意愿,通过农民专业合作社等新型农业经营主体引领特色林果业的适度规模经营,推进发展现代特色林果产业,全面凸显特色林果业的适度规模经营优势,全面显现特色林果业在提升退耕农户可持续生计能力中的重要作用。

4. 坚持产业化发展

为切实提升退耕区特色林果业发展质量,退耕区应积极推动小农户与现代农业的有效衔接,积极促进区域优势资源、劳动力、技术、资金等生产要素的优化配置,积极推进特色林果种植、采收、加工、销售等产业链上游、中游、下游各环节的有效联结。退耕区应加快培育引进特色林果龙头企业,充分发挥龙头企业的规模化种植、自动化生产、果品储藏、保鲜、精深加工等方面的技术优势,全面发挥农业龙头企业的产业引领、技术创新、市场开拓与辐射带动作用,鼓励发展"龙头企业+农户""龙头企业+合作社+农户""龙头企业+生产基地+农户"等产业化经营模式,以提升退耕区特色林果业的产业竞争优势。

5. 坚持同步发展

特色林果业是退耕区最具代表性的后续产业与优势产业,是统筹退耕还林工程生态目标与经济目标的重要实践。退耕区应坚持特色林果业高质量发展与生态环境修复、生态环境保护的协调同步,通过特色林果业可持续发展实现退耕还林工程的有效持续运行,通过退耕还林工程的有效实施为特色林果业高质量发展奠定资源基础与产业基础。退耕区应坚持特色林果业发展与农业产业结构调整、农民增收致富相结合,使特色林果业成为推动农业供给侧结构性改革、调整农村产业结构、优化农业发展方式的重要举措,成为退耕区农户收入提升与生计渠道延伸的重要保障。退耕区应坚持产业发展与绿色发展相结合,坚持产量技术与质量技术相结合,鼓励退耕农户采纳、应用生物农药、菌肥、有机肥等绿色技术,推广应用水肥一体化、节水灌溉等现代农业生产技术,全面落实农业部"一控两减三基本"发展思路,提升特色林果的质量与品质,实现特色林果业生态效益、经济效益与社会效益的协调统一。

4.3 退耕区特色林果业发展的关键举措

4.3.1 加快推进退耕区林果标准化生产示范基地建设

林果标准化生产示范基地是提升特色林果标准化与优质化生产水平、推动特色林果产业提质增效的重要载体。甘肃省根据"区域化布局、标准化生产、产业化开发"的思路,计划建成苹果、核桃、葡萄、枸杞、桃等特色林果产业标准化示范基地600个(其中,省级100个、市级200个、县级300个),

以充分发挥林果标准化生产基地的示范效应与辐射带动作用,加快推进特色林果产业转型升级,加快推进特色林果业供给侧结构性改革。新疆也根据"突出大宗果品、优先特色树种、支持原产地重点县(市)、促进一二三产业融合"的原则,通过林地流转、入股分红、合作经营等方式,以南疆为重点推动建立特色林果标准化生活示范基地,以提升特色林果果品质量,增强特色林果业市场竞争优势与精准扶贫能力。因此,为提升特色林果业发展效能、切实巩固退耕还林工程成果,各退耕区应加快推进林果标准化生产示范基地建设,加快实施特色林果质量精准提升工程,加快推进退耕农户与特色林果产业的有效联结,使特色林果业成为退耕工程有效持续实施的产业支撑。

1. 持续扩大优质特色林果的供给规模

随着消费者需求层次的不断提升、消费结构的不断调整、消费能力的不断提升,人们越来越关注林果的质量安全问题,越来越倾向于购买"三品一标"(无公害果品、绿色果品、有机果品与地理标志果品)特色林果。据调查,无公害果品的市场价格是同类普通果品的2~3倍,有机果品的市场价格是同类普通果品的5~10倍。优质果品生产对于促进特色林果外向型发展、提高特色林果果品质量、增强特色林果海外市场开拓能力与竞争优势、提升农业生态安全水平等具有重要价值。为适应林果市场发展需求与消费者消费行为新特征,各退耕区应把发展无公害果品、绿色果品、有机果品作为特色林果产业发展的重点领域,并通过政策引导、资金投入、企业带动、新型经营主体参与,加快无公害果品、绿色果品、有机果品生产示范基地建设,对特色林果育苗、种植、采摘、加工、流通运输等环节进行全过程质量管理,全面推行特色林果业的无害化生产、标准化管理与科学化经营;同时,根据"调结构、转方式、上档次"的整体要求,深入推进特色林果业供给侧结构性改革,着力于提升特色林果标准化生产水平与产业化经营能力,形成布局合理、结构科学、生产有序、果品标准、品质优良、产业发达的现代特色林果生产体系,不断提升优质特色林果的供给规模。

2. 持续完善林果标准化生产基地的基础设施

基础设施建设是林果标准化生产基地建设的重要环节,是提高特色林

第4章 退耕还林工程区特色林果业发展

果生产经营条件、增强特色林果综合生产能力、提升特色林果业可持续发展能力的重要保障。为推进特色林果标准化生产基地建设,各退耕区应综合利用区域自然因素、经济因素与社会因素,切实加强特色林果生产基础设施建设,有效改善特色林果的生产条件与发展基础,从根本上提升基础设施对特色林果高质量发展的支撑作用与保障作用。各退耕区应根据当前特色林果业的发展布局与设施条件,加强统筹规划与资金投入,完善特色林果产前、产中、产后各环节的基础设施,为特色林果产业化发展提供完善的物质环境与服务环境。从产前环节来看,各退耕区应建立健全林果生产要素供应基础设施,确保特色林果业的资金投入、技术支持、生产资料供应,满足特色林果可持续发展的生产要素供给需要。从产中环节来看,各退耕区应加快推进土地整治、道路电力通信设施配套、农田水利基础设施建设,并加快扩大退耕林果地的集中连片规模,有效增强特色林果的生产能力与生产质量。从产后环节来看,各退耕区应加快推动特色林果精深加工、仓储中心、配送基地、运输条件、果品检验、果品分级与果品包装、果品批发与零售等基础设施建设,为特色林果加工、销售、流通提供重要支撑;同时,应持续完善特色林果生产的金融服务、技术推广、交通运输、能源电力、通信网络、检验检测等服务性设施建设,为退耕区特色林果业发展奠定物质基础。

3. 调整、优化特色林果生产的区域结构与品种结构

为充分挖掘退耕区特色林果发展的资源优势与产业优势,各退耕区应以区域地理条件、水土环境、气候因子为基准,科学确定最适宜发展的林果品种,精准规划主栽品种的最佳栽培区,严格遵循特色林果种植的自然规律;同时,应根据区域协同发展的根本要求,逐步调减经济效益差、市场需求弱、产业化水平低的传统树种,着重发展市场需求大、适应性强、易于产业化的特色林果业,并加快推进周边地区林果产业统筹发展。各退耕区应不断完善特色林果业发展布局,鼓励退耕农户通过合作经营实现适度规模经营,并通过"一村一品""一县一业"运动推动优势主导树种向适宜地区有效集中,增强退耕区特色林果业的规模化、产业化与特色化经营优势。在品种结构中,各退耕区应适应市场发展需求与市场供求基本规律,适度开发品质

好、产量好、效益高、抗逆性强、耐储运的"名特优稀"林果新品种,推进制干、鲜食、深加工等林果品种多元化发展,并根据市场需求合理确定制干果品、鲜食果品、深加工果品的生产比例;在鲜食果品生产中,应科学规划早、中、晚熟林果比例(早熟果品10%、中熟果品30%、晚熟果品60%),基本实现特色林果四季上市、全年供应,不断优化市场竞争思维,持续降低市场运营风险,全面增强产业发展适应性。各退耕区应加大特色林果良种繁育体系投资力度,不断完善林果种质资源培育、组培研究、苗木驯化、苗木快繁等基础设施建设,大力实现特色果木的繁育基地化、品种优质化、苗木标准化与供给系统化,加快实现林果的标准化与优质化生产。

4. 加快推进特色林果的适度规模经营

鼓励林地有序流转、推进特色林果适度规模经营是特色林果标准化生产示范基地建设的根本保证,是实现特色林果规模化运行、提升特色林果业发展规模效益的重要基础,是发展现代林果业、提高特色林果生产技术效率与产出效率、增加农户收入的有效途径。各退耕区应加快推进集体林权改革,加快培育专业大户、家庭林场、林业专业合作社、林业龙头企业等新型经营主体,不断探索退耕地流转方式,不断优化退耕地流转市场秩序,不断完善退耕区土地流转交易平台,不断加大对新型农业经营主体的金融支持与政策扶持力度,以切实优化退耕区林果业生产要素组合配置,不断增强特色林果业的规模化经营水平。各退耕区应积极探索联合经营、大户经营、家庭林场经营、股份合作经营、集体合作经营、企业经营等适度规模经营模式,妥善处理退耕地流转与林果业适度规模经营之间的关系;积极引导退耕农户发展合作经营,大力推广"企业+合作组织+基地+林农"等多主体合作模式,不断完善特色林果业等林业合作经营的投融资服务、林业科技服务、林业保险服务、林权交易服务、林业公共服务等林业服务平台,建立健全相关利益主体的合作利益保障机制与合作行为调控机制。各退耕区应以林业新型经营主体为核心,加快培育发展一批经营特色化、管理规范化、产品品牌化、生产标准化、发展产业化的新型林业经营组织,不断推进经营组织的利益联结一体化与产供加销一体化,着力于打造一批技术增值效应显著、地域特色鲜明、经济效益明显、产业辐射效应大、农户带动能力强的林业合作经营品牌,全面推进退耕区特色林果的适度规模经营水平与经济活力,不断增强特色林果标准化生产示范基地的建设效能,不断提升退耕区特色林果业的发展水平与发展质量。

4.3.2　全面提升退耕区特色林果业精深加工能力

长期以来,各地区特色林果业精深加工能力不足,果品技术附加值不高,果品多以鲜食产品或初级加工品进入市场,使得特色林果业资源优势难以有效地转化为市场优势。为推动特色林果业提质增效,各退耕区应将特色林果精深加工作为主攻方向,加快林果精深加工技术设备升级改造,加快林果精深加工技术研发创新,加快培育林果精深加工龙头企业,加快推进林果精深加工体制机制创新,加大林果精深加工政策扶持力度,有效延长特色林果业产业链条,实现退耕区特色林果业产业化发展。

1. 优化特色林果业产业链条

林果精深加工是优化特色林果产业链网结构、增强特色林果产业竞争优势、提升特色林果产业整体效益的重要环节,是联结林果产业产前、产中、产后各环节的重要产业节点,是推动特色林果产业提质增效的关键领域。为切实提升特色林果业精深加工能力,各退耕区应加快推进特色林果产业化经营,优化特色林果产业各环节、各节点、各主体的空间结构与链网联结机制,为深度挖掘特色林果业技术增值能力、全面增强特色林果业经营绩效提供重要抓手与有效载体。具体而言,特色林果精深加工依赖于林果产业上游、中游、下游各环节的多维耦合与有效衔接。在特色林果产业上游环节,应加快推进林果育种、扩繁、推广、种植、绿色生产等环节的产业化建设,从产前环节提升特色林果产品品质,为特色林果精深加工提供高品质原材料或初级加工品;在特色林果产业中游环节,应加快推进精深加工装备升级、技术改造、技术研发创新、包装加工、仓储配送等环节的协同化发展与一体化运营,实现特色林果精深加工的技术增值最大化与加工品质最优化;在产后环节,应重要关注林果精深加工品的营销服务与营销创新、品牌培育与品牌推广,确保林果精深加工品有效占据市场份额,提升林果加工业的可持续发展能力,进而增强退耕区特色林果业的发展效能。

为有效增强退耕区特色林果精深加工水平,应选择具有一定规模优势、区域优势、资源优势与产业特色的特色林果品进行精深加工,并确保特色林果产品具有较高的精深加工潜能、精深加工价值、市场需求规模、消费需求潜力与价值增值空间;应确立系统开发的产业化发展思路,加快推进特色林果深度开发以有效延长林果加工产业链条,提升林果加工品的附加值;应关注林果加工衍生品或残渣的无害化处理与资源化利用,切实提升林果精深加工广度,提升林果加工的整体效益与绿色生产能力。同时,应建立有效的产业组织载体,实现林果生产、加工、销售各环节产业活动的有效对接,并健全各产业主体与产业活动的利益共享机制、风险共担机制、协调发展机制与行为规制机制,实现退耕区特色林果精深加工的健康、有序、稳固、可持续发展。

2. 培育、引进特色林果精深加工龙头企业

农业龙头企业是将农产品的生产、加工、销售结合起来,将农户与市场相连,以农产品加工与贸易业务为主并达到一定规模的企业。从费用视角来看,农业龙头企业有助于克服农户分散经营的诸多弊端(分散经营的农产品交易成本偏高、农户生产风险应对能力弱、农户的市场对接能力与市场适应性差等)。2019年全国农业产业化工作座谈会明确了"农业产业化是当前农业发展的主流趋势,是农业农村现代和全面乡村振兴的必要过程";2019年中央一号文件提出"培育农业产业化龙头企业和联合体,推进现代农业产业园、农村产业融合发展示范园、农业产业强镇建设"。农业龙头企业是实现农业产业化发展的重要基石,是发展现代农业、推动乡村经济高质量发展的重要支撑。特色林果龙头企业以规模化种植、精深加工为主要业务,并逐渐延伸至林果产业链网各个环节;特色林果龙头企业具有开拓市场、引领发展、加工转化、营销服务等基本能力,是资金规模大、生产能力强、辐射效用强、引领能力大的重要产业主体,是特色林果业提质增效的重要抓手。

为提升特色林果业发展效能,各退耕区应着力于把培育和引进龙头企

业作为提升特色林果精深加工能力的突破口,作为推动特色林果产业化发展与市场化运营的关键点,作为提升退耕农户收入水平与退耕区经济活力的重要举措。各退耕区应着力于营造宽松的投资环境、完善的扶持政策、积极的支持措施,破解龙头企业融资难题,为龙头企业技术研发、技术创新、精深加工、营销服务提供有效资金支持,为林果龙头企业发展壮大创造积极条件。各退耕区应鼓励林果龙头企业提升技术研发投入、增强技术创新活力,积极与高校、科研院所、埠内外技术企业等建立协同创新机制,不断提升龙头企业的林果精深加工深度与广度。各退耕区应推动林果龙头企业积极推广应用农业新技术,不断提升林果品种选择、苗木培育、种苗移植、林果生产、病虫害防治、节水灌溉、果品采摘、林果加工等环节的技术应用质量与技术推广效率。各退耕区应积极引导大规模龙头企业通过兼并、参股、联营、租赁等方式进行适度规模扩张,建立林果集团、林果技术联盟、林果大公司等规模化与优势化市场主体,有效提升特色林果精深加工规模与精深加工能力。各退耕区应充分发挥林果龙头企业的辐射效应与带动作用,推动建立"龙头企业+农户""龙头企业+基地+农户""龙头企业+林果专业合作社+农户""龙头企业+集体经济组织+农户"等多元化生产模式,并持续优化龙头企业与退耕农户的利益联结机制,理顺特色林果产业中龙头企业、生产基地、合作社、农户等多元经营主体的利益关系,不断提升特色林果产业链的内部合力,不断增强特色林果产业各经营主体的发展活力,不断优化特色林果产业主体的制度安排,推动特色林果业的规模化、集约化、市场化与资本化发展。

3. 推进特色林果精深加工技术协同创新

特色林果精深加工依托于先进的加工技术、专业的加工设备、完备的加工流程与健全的质量控制体系等。为全面提升特色林果精深加工能力,应统筹科技创新资源,整合科技创新人才,完善科技创新体制机制,强化科技金融支持,健全科技创新服务体系,加快推进特色林果精深加工关键技术研发、先进实用技术推广,为特色林果精深加工提供强有力的技术支撑。各退耕区应加快创新特色林果精深加工工艺与精深加工产品,积极发展葡萄酒、石榴酒、杏酒、沙棘酒、枸杞酒、梨酒、枣酒、苹果酒等果酒加工业，积极发展杏、梨、枣、桃、苹果、核桃、石榴、小浆果等浓缩果汁、果酱、饮料等加工业，积极发展杏、红枣、葡萄、核桃等制干、制脯、制粉、制油加工业，积极开发以果品为原料的高档保健品、药品、化妆品、食用色素、花粉、生物制品、活性炭等系列产品，不断提升特色林果精深加工深度，不断增强特色林果技术增值水平。

各退耕区应根据其区域特征、产业格局与经济现状，以发展具有区域特征、民族特色的林果精深加工为重点，积极整合和规范发展各类特色林果精深加工产业园区，加快实现特色林果加工的园区化、产业化与集聚化，最大限度地挖掘特色林果业增值潜力。各退耕区应建立以龙头企业为主体、以主导为导向、产学研深度融合发展的林果技术创新体系，不断优化龙头企业的技术创新环境，不断巩固龙头企业技术创新的主体地位，不断加大对企业技术创新的政策支持力度，不断激发龙头企业的技术创新内生动力，引导林果龙头企业积极开展林果精深加工关键技术研发与突破。各退耕区应积极推动技术创新要素的优化配置、创新资源的高效利用，推动科技创新工作的开放共享，加强各类创新主体、创新要素和各个区域创新的协同，建立健全林果精深加工技术的协同创新机制，实现区域创新优势互补，形成区域创新发展合力，为特色林果业精深加工提供创新基础、创新氛围、创新环境、创新空间与创新路径，不断增强特色林果精深加工深度与广度，切实提升退耕区特色林果技术增值能力。

4.3.3 有序增强退耕区特色林果业技术创新与技术推广

1. 加快推进特色林果科技体制机制改革

为切实提升特色林果共性关键技术研发效率，增强特色林果实用技术推广服务质量，提升特色林果高质量发展的技术支撑效用，各退耕区应坚持"市场支持、市场导向、企业主体、协同创新、统筹协调、遵循规律、创新驱动、服务发展"的基本原则，加快推进退耕区特色林果科技体制机制改革，不断增强特色林果科技创新活力，为退耕区特色林果业高质量发展奠定技术基础。各退耕区应充分发挥林果加工龙头企业的规模优势、技术优势、资金优势与产业优势,确立龙头企业在林果技术创新、研发资金投入、技术成果转化中的主体作用;推动区域人才资源、技术要素等创新禀赋向龙头企业流动,引导林果龙头企业与科研机构、高等院校等建立技术创新联盟,协同开展特色林果核心技术研发与特色林果科技成果转化;鼓励各退耕区加大对特色林果技术创新的支持力度,推进特色林果"农科教""产学研"紧密结合,有效整合区域科技创新资源,围绕林果质量安全、高效生产、科学管理、绿色发展等重点方向,构建适应高产、优质、高效、生态、安全发展的特色林果技术创新体系。各退耕区应积极强化基层公益性农技推广服务,引导科技企业、科研机构积极开展农业技术服务,培育和支持新型农业社会化服务组织,推动农业技术服务组织经营性职能与公益性职能相分离,建立健全公益性服务与经营性服务有机结合的农业技术服务体系,形成网络化、标准化、规范化、社会化的农业公共服务平台。各退耕区应积极探索以市场为导向、以效益为中心、以企业为核心的林果科技成果转化形式与利益分配机制,完善落实科技人员成果转化的股权、期权激励和奖励等收益分配政策,加快推动特色林果科技成果转化。各退耕区应加强区内外、国内外林果技术创新合作,积极开展多方位、多层次、高水平的技术协同创新,鼓励林果加工龙头企业通过参股并购、联合研发、专利交叉许可等方式进行技术合作,加快林果技术开放合作,为区域林果技术创新提供有力保障。各退耕区应培育、支持、引导科技中介服务机构,推动科技中介组织向服务专业化、功能社会化、组织网络化、运行规范化方向发展,为区域特色林果技术研发、成果转化、技术推广、技术应用等提供多元化服务支撑。

2. 加快推进特色林果共性关键技术研发

林果共性关键技术是提升林果生产经营标准化、规范化、集约化、科学化与优质化水平的重要保障,是提升特色林果果品质量、精深加工水平与营销服务能力的重要支撑,是构建良种苗木规范化繁育技术体系、果树标准化简约化栽培技术体系、果品质量检测与技术服务体系、果品采后商品化处理与加工技术体系、果品交易与信息服务体系的重要助力。为提升特色林果业发展效能,各退耕区应统筹协调生态环境修复与农户增收致富双重目标,加快优良林果品种引进,筛选、引进一批适应退耕区自然条件的优良品种,充分挖掘具有高产优势、抗逆性强、宜加工等优良性状的遗传资源,积极培育生态防护功能显著、果品经济价值突出的优良品种;加快研发特色林果集约化经营与提质增效关键集成配套技术,引进创新特色林果丰产栽培、抗旱节水、机械化生产、农机农艺配套等经营技术,不断提升特色林果集约化、自动化、现代化经营管理水平;建立和完善林果灾害综合防控体系,加强抗寒、抗风、抗旱、抗虫、抗盐渍等高抗逆性林果品种的选育,积极研发生物防治、物理防治、化学防治等综合防治体系,不断提升特色林果的标准化与优质化水平;加快特色林果精加工、储存保鲜、质量综合控制等关键技术的研发力度,建立健全林果产品储运保鲜加工产业体系。

3. 加快推进特色林果先进实用技术推广

技术推广与技术服务是打通特色林果技术成果转化的最后一公里,是提升农户特色林果生产经营技能的重要途径,是提升林果先进实用技术应用深度与应用广度的重要措施,是实现特色林果标准化生产、高质量运营的重要保障。为切实提升特色林果技术推广效率与技术服务质量,各退耕区应着力于解决技术推广模式不合理、技术推广队伍结构不合理、技术推广服务活力不足、技术推广基础设施薄弱、技术推广体系不健全、技术推广观念落后等问题,切实建立健全技术推广服务体系,不断增强退耕区特色林果技术推广质量。各退耕区特色林果技术推广应充分尊重农户需求,为农户提供最需要、最有用、最经济的特色林果先进实用技术;着力于培养一支"懂农业、爱农村、爱农民"的专业化农技推广队伍,探索建立一支由农业科研机构、市场化服务组织、基层农技推广机构、农业乡土人才共同参与的农技推广服务联盟,不断增强技术成果的推广效率与服务质量;着力于创新农业技术推广模式,以集中培训、专题讲座、现场教学、网络培训、宣传图册发放等方式为基础,探索开发农业技术推广手机 App,为订阅农户定期适时推送技术知识或视频知识,为农户提供更好的技术指导与技术培训,不断增强农业技术推广的信息化、网络化与实时化水平,不断增强农业技术培训的操作性、应用性与实践性,不断提升农业技术推广质量。

各退耕区应依托高质量的农业技术推广专业队伍、健全的农业技术推广基础设施、完善的农业技术推广服务体系、多元化的农业技术推广手段等,加快形成集引种、栽培、试验、示范、推广、生产于一体的林果技术推广平台,不断提升特色林果先进实用技术推广效能。各退耕区应着力于加快主要特色林果转升级优良品种与其丰产栽培技术推广,并重点推广林果简约化栽培、节水灌溉、水肥一体化、铺设反光膜、机械化整枝、自动化抚育、机械化采摘等综合配套新技术,全面提升特色林果基地建设的现代化与机械化水平;应加大退耕地低产经济果林改造,不断优化林果高效栽培模式与林果集约化科学经营,重点推广退耕地瘠薄土地肥力修复、盐渍化土地改造等生物化肥、复合肥、菌肥等,不断提升退耕林地果品产量与质量;应重点推广退耕林地测土配方施肥技术、节水灌溉技术、果实套袋技术、病虫害绿色防控技术、高效整形整枝技术、果实无害膨化技术、高效低毒农药喷施技术、林果生产专家决策支持系统、林果仿真生产决策支持技术等综合管理新技术,不断提升退耕地特色林果业发展效能。各退耕区应加快抵御自然灾害技术推广,针对低温冻害、大风沙尘灾害、林果有害生物等推广抗逆性强的林果新品种,示范应用防止低温冻害专用材料,营造生产基地防风固沙林带,加强风沙和林果有害制约的监测预报,提升退耕地特色林果主产区抗御自然灾害的综合能力;应加快推广应用林果精深加工技术,集成推广果品采后预冷、衰老控制、储藏保鲜、冷链保鲜、防腐运输等关键技术,有效延长特色林果产业链条。

4. 重点推进特色林果机械化

林果机械化是实现特色林果现代化经营、推动现代林果业高质量发展的重要路径,是提升特色林果劳动生产率、降低果农劳动强度的重要手段。各退耕区应根据区域林果主导产业发展整体布局,加快引进、研制、推广适合不同树种、不同栽培模式、不同果品的多功能通用型林果生产专用机械,实现特色林果栽培、生产、防控、管理、采摘、加工等全流程机械化与自动化,重点研发推广果树育苗、移栽、施肥、整枝、喷药等生产环节关键技术与设备的研发与推广,研发推广果品无伤采摘、自动分级、包装、储运、加工等流通环节的机械化技术与设备,为特色林果健康、有序、高效、可持续发展提供技术设备支持。各退耕区应围绕林果集约化、标准化、规范化、绿色化、优质化发展的发展理念,重点研发、推广有害生物防治、节水灌溉、田间标准化管理等新型机械,推进特色林果无公害、绿色、有机林果基地建设。各退耕区应以自主创新为基础,以"引进、消化、吸收、创新"为技术管理策略,积极借鉴引进适宜于各退耕区特色林果机械化生产的技术设备,并通过生产机械的协同创新,尽快实现退耕区特色林果生产机械关键技术的创新与突破,解决制约林果机械化生产的关键技术问题。同时,各退耕区应以"农机农艺"配套为根本原则,在退耕地果树种植时选用适合于机械化种植、管理、采收、加工的果品良种,加快建立矮株密植、标准化栽培的特色林果生产机械化技术试验示范标准园,为退耕区特色林果机械化生产与技术推广创造有利条件,不断增强退耕区特色林果生产的机械化水平。

4.3.4 建立健全退耕区特色林果营销服务体系

为破解特色林果销售分散化、无序化、低效化的根本问题,退耕区应建立健全特色林果营销服务体系,加快更新林果营销服务理念,推进林果营销策略创新,促进林果营销主体优化,切实提升退耕区特色林果的营销质量,切实解决退耕区"卖果难、价格低"等现实问题。

1. 加快推进特色林果品牌管理

"品牌是一种名称、术语、标记、符号或图案,或它们的结合,用以识别某个消费者或某消费群的产品或服务,并使之与竞争对手的产品和服务相区别。"随着农业现代化建设与市场化进程的快速推进,产品质量、品牌、市场之间的关系更加密切,产品质量是培育产品品牌、提升品牌价值的根本保障,产品品牌管理是开拓国内外市场、维持消费者忠诚度的重要战略。为实现特色林果业可持续发展,各退耕区应树立品牌管理意识,转变发展思想观念,积极实施特色林果产品品牌战略,推进特色林果品牌认证管理制度,强化退耕农户、林果企业、林果专业合作社等经营主体的品牌管理意识,规范特色林果的果品质量标准体系。退耕区各林果生产加工主体应积极了解产业发展环境,确定自身的优势与劣势、面临的机会与威胁,以识别其核心竞争力;应在长期发展中形成明确的发展目标、完善的企业文化与适宜的发展愿景,通过名称、术语、标记、符号、图案及其结合体形成独特的识别系统,并确定产品的市场定位、价格定位、形象定位、地理定位、人群定位及渠道定位等品牌定位,使品牌成为产品与消费者连接的重要纽带;应将区域特色林果业发展所形成的科学技术、经营思想、生产方式、营销手段、产品品质、产业特色、主体特征等理念、内容与内涵融入产品品牌定位与品牌管理,加快提升特色林果品牌价值。

各退耕区应推动特色林果产品品牌培育与品牌整合的有效统一,一方面着力于推动各市场主体进行品牌培育,增强特色林果品牌管理意识,更重要的是加快各区域杂乱果品品牌的多元整合,切实增强产品品牌的开拓市场、维持市场与延伸市场能力。各退耕区应以林果龙头企业为主体,加大龙头企业品牌培育力度,将同一区域、同一品种的不同果品品牌进行兼并融合,形成名称统一、知名度高的林果大品牌;进行提炼形成地理标志产品,以增强区域特色林果的市场竞争优势;实施一牌多品,品牌共享,统一标识、统一标准、统一包装、统一销售,增强林果品牌的推广、营销与保护,形成特色林果发展的品牌效应。同时,各退耕区应不断加大品牌商标等知识产权保护力度,鼓励各市场主体充分利用法律手段保护其商标品牌,营造保护知识产权的健康环境,引导特色林果各类生产加工主体做好商标注册工作;有序开展特色林果原产地认证、网络认证工作,引导各市场主体应用先进技术手段,提升品牌商标的防伪度与辨识度,不断完善特色林果产品质量可追溯体系,不断提升特色林果品牌管理活力与质量管理能力。各退耕区应根据产品发展现状与产业发展预测,建立相对积极的品牌延伸与品牌扩展策略,不断提升产品、品牌、市场的良性互动作用。

2. 加快完善特色林果营销网络

健全的营销网络是增强特色林果营销能力的根本基础,是提升特色林果产业可持续发展能力、推动退耕农户增收致富的重要抓手。各退耕区应建立健全特色林果营销组织体系,加快培育林果加工企业、物流企业、批发零售商、外贸企业、林果专业合作社等营销主体与营销服务组织,以市场机制为基础,以政府推动为助力,以营销企业为主体,形成立足于国内市场、面向国外市场的现代化果品销售网络。各退耕区应建立健全特色林果市场信息系统,通过信息网络及时采集、整理、归纳、预测、发布国内外林果市场需求信息,实现区域与区域、区域与全国、区域与国外果品市场的有效对接,区内外、国内外果品营销信息的快速传递与实时共享,为退耕区林农、林果生产企业、林果营销主体等提供准确市场信息,为特色林果各产业主体生产经营决策提供信息支持。同时,各营销主体等应积极整合报纸、杂志、电台、电视、广播、网络、会展等传播媒介,综合应用广告、公关、促销、推销、节庆活动等传播沟通方式,不断提升区域特色林果知名度与美誉度,不断延伸退耕区特色林果市场空间。

各退耕区应加快完善营销网络基础设施建设,形成特色林果批发市场、连锁超市、果品专营市场、物流配送中心、展销会、推介会、网上交易平台等多主体共同参与的立体化销售网络;建立以果品批发市场为主体,以城乡集贸市场为集散地,以超市、专营市场、商场为网络节点的现代化林果产品流通体系,不断增强特色林果产品的市场覆盖能力与需求满足度,不断提升特色林果产品的配送效率。各退耕区应在传统林果营销渠道基础上,加快推进特色林果分销渠道创新,建议在大型中心城市建立林果物流配送基地,缩短营销渠道长度,强化与当地果品分销主体与消费者的联系;鼓励林果龙头企业设立直营窗口与直销经营,通过区域特色林果专营店销售本地特色林果产品及林果加工品,提升特色林果流通效率,塑造特色林果品牌形象,采集特色林果市场需求信息;积极扶持林果大户、家庭林场、林业专业合作社、林业专业协会、农民经纪人等市场主体,引导各类市场主体与市场营销组织建立积极联系,推动区域特色林果直接进超市、进商场等,设立特色果品专柜,推动特色林果营销、产品宣传推介的有效统一。

3. 持续完善特色林果物流服务体系

从当前来看,鲜食果品仍是退耕区果品市场的主导产品,鲜食果品从田间到市场的安全低耗是产业可持续发展的根本保证,鲜食果品从田间到市场需要一个完善的现代物流系统,即特色林果冷链物流系统。随着我国经济社会的发展和人民群众生活水平的不断提升,特色林果消费规模与需求品质不断提高,冷链物流业发展的市场空间不断扩大,但我国冷链物流起步较晚、基础较为薄弱、设施较为落后、标准较不完善、监管较为滞后,难以有效满足各区域鲜食果品的市场流通需要。为切实提升特色林果产品质量,各退耕区应积极借鉴美国、荷兰、日本等发达国家农产品冷链物流发展经验,不断完善林果冷链物流基础设施,不断优化物流服务专业人才队伍,不断培育冷链物流市场主体,为退耕区特色林果流通加工提供有效支持。

为有效保障特色林果质量安全、有效降低林果流通耗损,各退耕区应加强横向协调与纵向联结,着力于构建"全链条、网络化、亚标准、可追溯、新模式、高效率"的现代化冷链物流体系,加快培育一批资本雄厚、技术先进、管理规范、运作科学、发展高效、核心竞争力强的专业化冷链物流企业,加快建立覆盖各林果主产区与消费地的冷链物流基础设施网络,加快推广先进的冷链装备、技术与管理理念,不断优化冷链物流流通组织,实现冷链物流由基础性流通服务向增值服务的有效延伸。各退耕区应引导冷链物流企业转型升级,积极发展"互联网+"冷链物流,鼓励物流企业主体积极应用卫星定位、物联网、移动互联等先进信息技术,打造"林果产品+冷链设施(设备)+流通服务"的数字化信息平台,逐步实现配送监察、车辆温控、仓储管理、订单管理、运输管理等林果冷链物流全过程的信息化、数据化、透明化与可视化;推动建立各物流企业、各退耕区、各省(区)的林果冷链物流信息共享与信息交互机制,逐步实现企业间、区域间、政企间的物流信息交换与沟通,推动市场需求与冷链资源的高效匹配、不同主体间物流资源的统筹协调、不同区域间物流服务的有效对接。

各退耕区应加快推动特色林果冷链物流技术装备的创新推广,鼓励物流企业加大科技创新投入力度,加快绿色防腐技术与产品、新型保鲜减震包装材料、降腐核心技术工艺、新型分级预冷装置、大容量冷却冷冻设备、节能环保多温层冷链运输设备等物流技术装备研发升级,积极推动冷链物流设备设施的标准化、冷藏运输车辆的专业化、蓄冷材料与保温材料的绿色化、大量温控设备的节能化发展，不断提升林果冷链物流的配送效率与服务质量。各退耕区应建立健全特色林果等鲜活农产品冷链物流业发展的政策支持体系，加大冷链物流理念与重要产业价值的宣传推广力度，不断提升退耕区特色林果冷链物流的市场覆盖度；应拓宽冷链物流企业发展的投融资渠道，引导银行等正规金融机构加大对冷链物流企业的资金支持力度，推动物流企业的规模化、专业化发展。

4. 加快提升退耕农户的组织化程度

退耕农户既是特色林果的直接生产者、特色林果销售的直接受益者，也是特色林果产业链的分散化微观主体；农业行业协会、林果专业合作社、林果产销战略联盟等组织形式有助于增强退耕农户的组织化程度，推动分散化小农户与现代特色林果业的有效衔接。特色林果行业协会是介于政府与企业、商品生产者与经营者之间的民间非政府机构，是为相关主体提供服务，具有咨询、沟通、监督、公正、自律、协调等功能的社会中介组织。为切实保障退耕果农的合法权益，各退耕区应加快建立规范的林果行业协会，充分发挥其在市场秩序约束、市场信息咨询服务、主体经营行为规范、国家及行业标准制定、行业价格协调、主体利益纠纷协调等的中介服务作用，建立健全林果生产加工企业、中介服务组织、退耕农户的利益联结机制，切实规范各市场主体的生产经营行为。各退耕区应充分认识到林果行业协会的中介服务效用，加大对林果行业协会的资金、技术、人力、政策扶持，不断优化行业协会组织框架，不断完善行业协会业务职能，不断健全行业协会运行机制，不断拓宽行业协会业务范围；各林果行业协会应组织开展市场调研、技术培训、展览会、推介会、交易会、信息发布会等活动，为林果种植加工企业和退耕农户提供技术信息、市场需求信息、金融支持信息与扶持政策信息等中介服务，为区域特色林果产业链各环节、各节点、各主体提供服务支持，有效提升退耕农户的市场风险抵御能力、市场需求供给能力与农户组织化程度，有序增强特色林果业的产业化、规模化发展能力。各退耕区应加快培育特色林果种植专业合作社、林果加工专业合作社、林果营销专业合作社，加快推广特色林果种植加工的新理念、新品种、新技术、新工艺与新模式,不断增强退耕农户的组织化程度,不断提升退耕农户对市场需求信息的分析能力与预测能力,有效降低退耕农户的市场交易成本,有效增强退耕农户的市场风险应对能力,有效提升分散化小农户与大市场的对接能力,有效保障退耕农户的特色林果销售收益。

4.3.5 持续完善退耕区特色林果全过程质量管理

为实现特色林果业的高质量发展,各退耕区应持续加强特色林果质量监管,建立健全特色林果的全过程质量管理体系,不断提升林果种植加工企业、退耕农户及其他相关主体的质量管理意识与质量管理能力,切实增强高品质特色林果的有效供给能力。

1. 建立健全特色林果质量追溯体系

质量追溯体系建设是采集记录产品生产、流通、消费等环节信息,实现来源可查、去向可追、责任可究,强化全过程质量安全管理与风险控制的有效措施。根据《国务院办公厅关于加快推进重要产品追溯体系建设的意见》(国办发〔2015〕95号)、《农业部关于加快推进农产品质量安全追溯体系建设的意见》精神,各级地方政府应全面推进现代信息技术在农产品质量安全领域的应用,加快推进退耕区特色林果质量安全追溯体系建设,推进建立职责明确、协调联动、统一高效、运转有序的特色林果质量可追溯体系,确保实现特色林果生产源头可追溯、果品流向可跟踪、果品信息可查询、生产责任可追究。各退耕区应根据国家关于农产品质量安全追溯管理办法,明确特色林果的追溯要求,统一特色林果追溯标识,规范特色林果追溯流程,健全特色林果管理规则,推动特色林果质量安全追溯与市场准入的有效衔接,不断完善各退耕区特色林果追溯管理的地方性法规,建立健全产业主体管理、包装标识、追溯赋码、信息采集、索证索票、市场准入等追溯管理基本制度,加快推进特色林果质量安全的全过程可追溯体系。各退耕区应加快建立特色林果质量安全追溯管理平台,推动区域追溯系统与国家农产品可追溯管理平台的数据交换、有效对接与信息共享,并鼓励林果种植农户、企业与加工主体等发展应用信息化追溯手段,不断增强特色林果生产加工的信息化与可视化。各退耕区应充分发挥特色林果区域追溯平台的决策分析功能,充分挖掘主体管理、产品流向、监管检测等大数据的资源价值,"用数据说话、用数据管理、用数据决策",提升特色林果质量安全管理的信息化、精准化、科学化与可视化,切实提升各产业主体的经营决策科学性与市场风险防范能力。各退耕区应加快推进特色林果质量追溯系统的应用推广,加强对各主体、各生产行为、各生产环节的信息采集与上传监控核查,提升特色林果生产加工全过程的透明度,解决特色林果生产加工经营信息不对称问题,倒逼各生产经营主体强化质量安全意识,提升特色林果果品及加工品品质。各退耕区应加强追溯管理基础设施设备建设投入力度,不断完善各产业主体、检测机构、监管部门的追溯设备,并加大对特色林果生产加工主体追溯设施设备采购、信息采集录入与上传、追溯标识使用等的补贴力度,切实提升产业主体开展质量追溯管理的积极性与主动性,有效解决质量安全追溯管理"叫好不叫座"的问题。各退耕区应加强农产品质量可追溯的宣传,向社会公众、农户、生产加工企业、销售企业等普及追溯知识、传播追溯理念,有效提升特色林果生产加工主体的质量安全责任意识与自律意识,有效增强社会公众对可追溯特色林果的认知度与认可度,形成全社会关心追溯、使用追溯、支持追溯的良好氛围,为特色林果质量安全追溯管理奠定积极环境支撑。

2. 加快推进绿色防控技术采纳与应用

绿色防控技术以"公共植保、绿色植保"为基本理念,通过农业防治、物理防治、生物防治、生态调控、科学用药等综合防治手段与环境友好型措施以有效控制病虫害,以实现农业生产安全、农产品质量安全与农业生态环境安全。病虫害绿色防控是有效持续控制病虫灾害、保障特色林果业生产安全的重要手段;病虫害绿色防控技术有助于避免病虫害传统化学防治引发的病虫害抗药性上升、病虫害暴发概率增加与暴发强度增强等问题,其通过生态调控、生物防治、物理防治、科学用药等绿色防控手段,以保护生物多样性,减少病虫害危害损失,实现病虫害可持续控制,进而保障高质量特色林果的有效供给。病虫害绿色防控是推动特色林果标准化生产、提升特色林果质量安全水平的重要手段;病虫害绿色防控能够显著缓解传统化学防治引发的化学农药用量超标问题,能够有效降低特色林果的农药残留,有效提升特色林果质量安全,增强特色林果市场竞争优势与市场开拓能力,推动退耕区果农增收致富。病虫害绿色防控是降低农药使用风险、保护农田生态环境的有效途径;病虫害绿色防控通过科学用药、使用低毒高效农药等措施,显著减少高毒、高残留农药的使用,能够有效避免特色林果病虫害防治中的施药作业风险,更重要的是能够显著降低高毒化学农药施用产生的农业面源污染。

为提升特色林果产品品质、有效降低果品农药残留、切实提升特色林果质量安全水平,各退耕区应确立"以防为主、防治结合、统防统治、绿色防控、综合治理"的特色林果病虫害防控理念,建立健全生物防治、物理防治、化学防治、科学用药相结合的综合防治体系,不断增强病虫害绿色防控技术的应用推广规模。各退耕区应推广使用特色林果生物防治技术的研发与推广,充分发挥林果病虫害天敌自然控制害虫的作用,通过多种措施培养、招引林果病虫害天敌;应通过微生物源或植物源农药控制林果病虫害,通过仿生类农药、害虫生物抑制剂等诱杀成虫或阻断林果害虫成长发育机制,以有效控制林果病虫害。各退耕区应通过物理机械、人工防治等手段,把林果病虫害的发生控制在最小范围内,充分利用涂抹黏虫胶、树干下部培沙堆、捆绑塑料裙等方式阻隔林果害虫传播扩散,充分利用性信息素诱捕器、灯光诱杀、糖醋液诱杀、麦草诱捕等方式诱杀林果害虫。各退耕区应科学分析林果病虫害发生规模与发生机理,抓住病虫害暴发关键期,根据不同病虫害的发生特点与发展规模等进行科学生物药剂、化学药剂施用,合理用药,科学用药,交替用药,推广低毒、高效、无残留农药;应积极推广无人机飞防植保技术,充分发挥无人机作业效率高、安全系数大、喷施效果好、节水节药效果明显[①]

[①] 据统计,植保无人机喷洒系统采用离心雾化和超低容量变量喷洒技术,保证所有植株都能均匀覆盖,杜绝漏喷、重喷现象,至少节省90%的水和50%的农药,农药有效利用率在35%以上;农用植保无人机每小时作业量可达40~60亩,作业效率是人工的30倍以上。

等优势,不断提升农药有效利用率,不断降低农药的施用总量,有效提升特色林果果品质量。

4.4 本章小结

特色林果业是退耕区最具发展基础与培育优势的后续产业,是统筹农民增收与生态环境修复双重目标的重要途径。本章论述了退耕区特色林果业发展的优势、劣势、机会与威胁,全面分析了退耕区特色林果业发展面临的整体环境;提出了退耕区特色林果业的发展思路与指导原则,并据此阐释了退耕区特色林果业发展的基本举措,包括加快推进退耕区林果标准化生产示范基地建设、全面提升退耕区特色林果业精深加工能力、有序增强退耕区特色林果业技术创新与技术推广、建立健全退耕区特色林果营销服务体系、持续完善退耕区特色林果全过程质量管理等,以有效提升退耕区特色林果业发展质量,全面实现退耕区特色林果业提质增效,全面强化特色林果业在巩固退耕还林工程成果中的突出效用,进而推动新一轮退耕还林工程的有效持续运行。

第5章 退耕还林工程区林下经济发展

根据《国务院办公厅关于加快林下经济发展的意见》(国办发〔2012〕42号)精神,鼓励"各地区大力发展以林下种植、林下养殖、相关产品采集加工和森林景观利用等为主要内容的林下经济",以加快调整林业产业结构、巩固集体林权制度改革和生态建设成果、增加林农收入水平。退耕区林下种植、林下养殖、经济林产品采集加工、森林景观利用等林下经济发展将在一定程度上实现森林资源的多维开发与立体利用,以林菌、林药、林草、林花、林蜂、林禽、林畜等多产业结构替代退耕林地或瘠薄农地的单一生产模式,以不断提升林地资源的综合利用率与综合产出率,同时也避免了农户退耕后的持续收益或远期收益受损问题,是实现退耕林地可持续经营、退耕还林工程可持续实施、退耕农户可持续参与的重要探索。因此,林下经济是协调退耕还林工程与经济发展的关系、推动社会经济发展目标与生态环境修复目标有效统一的重要途径,是巩固退耕还林工程成果、延伸退耕农户收入渠道、提升退耕农户收入水平的重要实践,是退耕还林工程区最有效的后续产业发展业态。

5.1 退耕区林下经济的发展环境

5.1.1 优势分析

1. 林地资源优势

自1999年退耕还林工程实施以来,我国两轮退耕还林工程实施规模达5亿多亩,两轮退耕还林增加林地面积达5.02亿亩(其中新一轮退耕还林工程实施规模已扩大到8 000万亩),占人工林面积的42.5%,工程区森林覆盖率平均提高了 4 个多百分点,极大地推进了田土绿化进程;退耕还林工程总投入超过 5 000 亿元。退耕还林工程产生了大规模、分散化的退耕林地,为退耕区林下经济发展提供了丰富的林地资源,为退耕区林下经济发展提供了大量的经营空间与发展基础。因此,各退耕区可充分利用两轮退耕还林工程的林地资源优势,多元化发展林菌、林药、林草、林花、林蜂、林禽、林畜等林下经济,推动退耕区林地资源优势转化为林业产业发展优势与林业经济市场优势,使林下经济成为退耕区重要的后续产业与支柱产业。

2. 人力资源优势

退耕还林工程推动了农地利用方式与利用格局的转变,使得严重沙化、盐渍化、荒漠化瘠薄土地转变为林地,使得原本从事传统农业生产经营的农户转化为从事退耕林地生产、非农就业或农村服务业等工作的兼业农户或非农户。退耕还林工程在一定程度上解放释放了农村劳动力,使得农村剩余劳动力能够从事林下种植、林下养殖、林下经济林产品采集等林下经济生产,为退耕区林下经济发展提供了大量劳动力,为实现退耕区林下经济规模化发展提供了人力支撑。因此,各退耕区可充分利用退耕还林工程带来的人力资源优势,鼓励退耕农户在不影响退耕林木正常生长的前提下,借助林地特有的生态环境,在林冠下开展林下经济,推动退耕还林生态环境修复与生态环境保护等"生态目标"与退耕农户增收致富、退耕区农业产业结构调整等"经济目标"的有序统一,使林下经济成为退耕还林工程健康、有序、可持续发展的重要举措,成为退耕农户收入水平提升的重要实践。

3. 实践经验优势

从生态脆弱区林业产业发展格局来看,林下经济成为缩短林业经济发展周期、调整优化林业产业结构、巩固集体林权制度改革成果、践行绿色发展与生态文明建设、提升林地产出率与综合利用率、增加农户收入的重要探索。近年来,各地区加快引导林下经济发展、加大林下经济发展资金投入与政策扶持,根据区域资源优势与产业布局探索林下经济发展模式与产业业态,并形成了林菌模式(林下种植黑木耳、平菇、鸡腿菇、香菇、滑子菇、松杉灵芝、北虫草等)、林果模式(林下种植蓝莓、红豆、蓝靛果等野生浆果,偃松子、榛子等野生坚果),林下养殖模式(林下养殖冷水鱼、鹿、狐貂、蜜蜂、林蛙、森林猪、森林鸭、森林鸡等水产品、畜禽产品),林菜模式(林下种植老山芹、蕨菜、凤毛菊、东风菜、歪头菜、山牛蒡、山韭菜等山野菜),林药模式(林下种植黄芪、五味子、桔梗、草苁蓉、防风、柴胡、龙胆草、黄芩),林草模式(林下种植鲜花,苜蓿、黑麦草、玉米草、皇竹草牧草、青贮等牧草)等模式。各地区林下经济发展模式的探索与实践为退耕还林工程区林下经济发展规划制定、林下经济发展模式培育、林下经济发展优惠扶持政策制定等提供了积极的经验借鉴,有助于推动退耕区林下经济的规模化、集约化与可持续发展,不断增强林下经济在巩固退耕还林工程成果中的重要作用。

4. 产业基础优势

自《国务院办公厅关于加快林下经济发展的意见》鼓励引导各地区加快发展林下经济以来,各地区不断完善林下经济经营模式、不断优化林下经济发展环境、不断调整林下经济发展方式,林下经济的产业促进性、经济贡献度、林农认可度、农户参与度持续增强,林下经济发展成为林业产业结构调整的重要方向,成为现代林业产业体系构建的重要内容。因此,各地区林下经济发展形成了广泛的农户认可、市场认知、产业活力与市场空间,为退耕区林下经济发展实践提供了积极的产业基础优势,为退耕区林下经济科学布局与高质量发展奠定了产业基础。

5.1.2 劣势分析

1. 经营管理略显粗放

尽管各地区林下经济发展活力不断提升、林下经济发展规模不断提高,但林下经济发展仍处于较为传统、粗放、原始的初级阶段,林下经济多是单纯的林下种植、简单的林下养殖、初级林产品的单纯销售等,林下经济的技术增值能力略显不足、林下经济的科学经营管理略显弱化、林下经济产业链网结构略显简单,使得林下经济产业发展呈现生产无序化、发展低效化、经营分散化、主体多元化、组织松散化等典型特征。同时,由于各地区林下经济发展规划不太科学,使得林下经济产业发展的整体布局、区域分布、模式选择、管理方式较为粗放;由于林下经济龙头企业、林下经济行业协会等主体培育较为滞后,林下经济发展的组织化程度较低,使得林下经济发展工作效率低、产品成本高、产品质量差、产品竞争力弱,难以满足市场竞争需要,难以满足高质量林下经济产品的供给需求。因此,各退耕区应积极应对林下经济经营管理粗放问题,不断更新林下经济经营管理理念、不断优化林下经济经营组织结构、不断完善林下经济经营管理主体、不断健全林下经济管理模式、不断夯实林下经济发展基础,以增强林下经济发展整体效能。

2. 技术支撑略显不足

科技资源是第一资源,是提升林下经济产品技术增值能力、增强林下经济产品有效供给能力、推动林下经济产业高质量发展的重要资源。从各地区林下经济发展来看,由于林业龙头企业培育滞后、林业技术推广效率效果较弱、林产品精深加工技术设备研发缓慢等客观问题,极大地弱化了林下经济发展的技术支撑能力,极大地抑制了林下经济产业的可持续发展。同时,由于农户整体素质低下,其林下种植、林下养殖、经济林产品采集加工的专业技术采纳应用效果不佳,使得林下经济发展成本高、产出低、效益弱;同时,由于农户普遍呈现为风险规避偏好,对林下经济新技术、新工艺、新装备的认可度接受度不高,对新品种培育、绿色防控技术应用、畜禽疫病防治技术采纳、高品质经营技术等技术掌握较少,在一定程度上增加了林下经济的市场风险、降低了林下经济的经营收益。因此,各退耕区应加大林下经济发展新技术的宣传推广、加大农户采纳应用新技术的扶持补贴力度与培训力度,为退耕区林下经济发展提供有效技术支撑。

3. 规模优势尚未形成

尽管中央及各级地方政府鼓励林农通过合作经营推动林下经济适度规模发展,通过林业大户、家庭林场、林业专业合作社、林业专业协会、林业行业协会、林业龙头企业等新兴经营主体提升林下经济规模化经营优势与综合生产能力。但从当前来看,林下经济发展多以家庭经营为主,发展规模普遍偏小,林下经营缺乏统一规划,难以形成规模化生产优势;小规模的、较为粗放的分散经营对于林下经济标准化生产、林业科学技术推广、林下经济机械化与自动化生产等产生重要制约,使得林下经济生产成本较高、林下经济经营效益偏低。由于林下经济发展的规模优势尚未形成,各地区出现了大量规模较小的林下经济发展主体,形成了破碎化的林下经济发展局面,产生了繁、杂、乱的林下经济产品品牌,不利于推动林下经济的集约化、专业化、组织化与市场化发展,不利于增强林下经济产品的市场竞争优势,不利于提升林下经济主体的盈利能力。因此,各退耕区应充分认识到家庭分散经营引发的困境,充分认识到家庭分散经营方式在短期内难以彻底破解的客观现实,充分认识到林业专业合作社等新型经营主体对消解家庭分散经营的重要价值,积极推动退耕区林下经济发展由传统家庭分散经营向集约化、专业化、适度规模化与组织化经营转变,不断增强林下经济对巩固退耕还林工程的重要效用。

4. 发展资金相对短缺

《国务院办公厅关于加快林下经济发展的意见》提出"逐步建立政府引导,农民、企业和社会为主体的多元化投入机制;充分发挥现代农业生产发展资金、林业科技推广示范资金等专项资金的作用,重点支持林下经济示范基地与综合生产能力建设,促进林下经济技术推广和农民林业专业合作组织发展";"各银行业金融机构要积极开展林权抵押贷款、农民小额信用贷款和农民联保贷款等业务,加大对林下经济发展的有效信贷投入;充分发挥财政贴息政策的带动和引导作用,中央财政对符合条件的林下经济发展项目加大贴息扶持力度"。从各地区林下经济发展实践来看,尽管各地区加大了林下经济发展的投入力度与金融支持力度,为林下经济发展提供有效资金保障,但从总量上来看各林下经济发展主体的资金瓶颈问题仍未得到有效解决、林下经济发展扶持资金的持续稳定投入机制尚未有效形成,使得各地区林下经济精深加工、林下经济技术研发与应用推广、林下经济产业链网结构优化等受到较大影响。因此,各退耕区应建立健全林下经济的多元化投入机制与金融支持机制,并确保林下经济发展资金投入与金融支持政策行之有效,为退耕区林下经济发展提供强有力的资金保障。

5.1.3 机会分析

1. 政策支持力度不断增强

《国务院办公厅关于加快林下经济发展的意见》(国办发〔2012〕42号)提出"努力建成一批规模大、效益好、带动力强的林下经济示范基地,重点扶持一批龙头企业和农民林业专业合作社,逐步形成'一县一业,一村一品'的发展格局,增强农民持续增收能力,林下经济产值和农民林业综合收入实现稳定增长,林下经济产值占林业总产值的比例显著提高。"国家林业局《林业发展"十三五"规划》提出"加快发展绿色富民产业,大力发展林下经济,推动农村经济社会发展和产业结构调整,促进农民增收致富;探索建立林下经济补助扶持机制,发展林菌、林药、林禽、林畜等林地立体复合经营,促进林下种植养殖业、采集与景观等资源共享、协调发展,增加生态资源和林地产出"。《新一轮退耕还林还草总体方案》(发改西部〔2014〕1772号)提出"在不破坏植被、造成新的水土流失前提下,允许退耕还林农民间种豆类等矮秆作物,发展林下经济,以耕促抚、以耕促管"。各地区根据国家关于林下经济发展的政策精神与指导意见,出台了一系列关于林下经济发展规划、产业政策扶持、资金扶持与金融支持、新型林业经营主体培育、林地有序流转、林权抵押贷款的相关政策,为确立林下经济发展的重要地位、明确林下经济的发展导向、优化林下经济的激励机制、增强林下经济发展活力、完善林下经济发展布局等提供了积极作用,在一定程度上推动了退耕区林下经济发展。

2. 现代林业体系建设不断深入

全面推进林业现代化建设是我国林业发展的重要任务,着力于构建完善的林业生态体系、发达的林业产业体系与繁荣的生态体系,以充分挖掘和发挥林业的生态效益、经济效益与社会效益,不断推进林业专业化、现代化、特色化、标准化、规模化与多元化发展。现代林业产业体系是推进生态文明建设的重要举措、是推动林业供给侧结构性改革的重要内容、是实施林业生态扶贫战略的重要途径、是培育战略性新兴产业的重要领域。林下经济是现代林业产业体系建设的重要趋向,是增加林业产品有效供给能力、优化林业产业体系、拓宽林农就业增收途径、推动林业产业转型升级的重要业态,是实现"资源变资产、资金变股金、林农变股东"的重要实践,是全面践行"绿水青山就是金山银山"战略构想的重要探索。随着现代林业体系建设不断深入,各地区加快推进林业产业集约化、规模化、绿色化、信息化和品牌化发展,不断增强林下经济发展活力、不断提升林下经济发展规模、不断优化林下经济政策支持、不断提升林下经济发展质量与发展。因此,现代林业产业体系构建为退耕区林下经济发展提供了良好的产业基础,为退耕区林下经济发展提供资金支持与政策保障,积极推动了退耕区林下经济健康、有序、稳固、可持续发展。

3. 绿色消费动能不断增强

从当前来看,消费者的绿色消费理念不断增强、绿色产品需求不断提升,绿色消费为拉动林下经济等绿色产业发展提供了强劲动能,为加快培育林下经济新业态、新模式、新产品、新技术创造了积极条件。林果、林禽、林畜、林药等经济林产品具有绿色、天然、健康、营养、优质、低碳、可降解或可循环等显著优势,完全契合消费者的绿色消费理念与高品质消费需求,具有旺盛的消费需求与巨大的消费空间。具体而言,消费者追求健康食品,带动了森林食品、森林药材、特色林果、森林菌类、野生动植物繁育利用等林下种养殖行业的快速发展;消费者追求亲近自然、回归自然,带动了森林旅游、森林康养、休闲服务、生态文化产品等需求上升,促进了森林景观的多维开发与有序利用,促进了林下经济的高质量发展。因此,随着消费者绿色消费领域的不断延伸、绿色消费结构的不断优化、绿色消费水平的不断提升,各地区林下经济发展具有广阔的市场空间与积极的发展潜力。各退耕区应全面增强林下经济发展动力与发展质量,不断增强林下经济产品的有效供给能力,不断创新林下经济发展模式、不断优化林下经济发展方式、不断优化林下经济产业结构,切实增强退耕区林下经济的可持续发展能力。

4. 新型林业经营主体培育力度不断增强

《国家林业局关于加快培育新型林业经营主体的指导意见》(林改发〔2017〕77号)提出,加快构建以家庭承包经营为基础,以林业专业大户、家庭林场、农民林业专业合作社、林业龙头企业和专业化服务组织为重点,集约化、专业化、组织化、社会化相结合的新型林业经营体系。各地区积极扶持林业专业大户、大力发展家庭林场、规范发展农民林业专业合作社、鼓励发展股份合作社、培育壮大林业龙头企业,并积极落实林业职业经理人培养、创新新型职业林农培训机制、提高林业社会化服务水平、加大新型经营主体财税支持力度、优化新型经营主体金融保险扶持政策、强化林业新型经营主体的技术支撑、完善林地配套基础设施建设等惠林政策。随着新型林业经营主体培育力度不断增强、新型林业经营主体保障机制不断优化,各地区林业生产专业化程度、组织化水平、劳动生产率明显提升,为退耕区林下经济规模化发展、产业化运行、市场化管理提供了重要机遇,为退耕区林下经济可持续发展奠定了组织基础与主体支撑。

5.1.4 威胁分析

1. 法律法规不尽健全

林下经济是现代林业产业体系构建的新型业态,是涉及林业、农业、水产养殖、畜禽养殖、休闲服务等多行业、多部门、多主体的复合型产业。林下经济的稳定有序发展、经营主体的收益保障、林下经济的市场规范、林地环境保护等需要有健全的法律法规保护。从当前来看,国家及相关部门出台了林下经济发展、林业发展金融服务、林业经营主体培育、集体林权制度改革等一系列指导意见与管理办法,以统筹协调林下经济发展,增强林下经济发展活力、提升林下经济产业化与规模化发展水平,并为林下经济发展提出政策保障、资金支持与技术服务。尽管中央及各级地方政府制定了一系列发展政策,但也仅停留在指导意见、发展规划、实施办法等政策层面,对保障经营主体合法收益、规范林下经济市场秩序、约束林下资源开发行为、保护林地生态环境等缺乏强有力的法律支持,难以有效实现林下经济的适量化、适度化、合理化与科学化发展。因此,由于我国尚未制定关于林下经济发展的法律法规,使得林下经济发展缺乏有效的法律支撑,这将对退耕区林下经济可持续发展产生不容忽视的威胁与挑战。

2. 科技服务略显滞后

林下经济发展需要持续的科技扶持与技术服务以增强产业技术增值水平与产业发展能力,应加快林下经济良种选育、病虫害防治、森林防火、林产品加工等先进实用技术转化推广,加强林下经济科技服务与技术培训,增强经营主体经营管理水平与市场风险抵御能力。但从当前来看,各地区林业科技项目与林业科技推广的财政投资略显不足,林业技术推广工作开展困难,难以为农户提供有效的技术咨询与技术服务;各地区林业科技服务人才数量不足且整体素质较差,林业信息化建设滞后、林业科技成果转化不足、林业技术服务体系不健全,技术服务工作往往难以满足农户的真实技术需要。同时,由于林业科技服务体系不健全、林业科技成果转化率低,难以充分发挥科技对林下经济发展的先导性、全局性与基础性作用,使得林下经济经营管理水平较低,无公害、绿色、有机林下经济产品的生产体系不健全,林下经济的标准化、规范化与优质化发展程度不足,林下经济发展方式仍较为传统。因此,退耕区应充分认识到林下经济发展的科技扶持、技术导向与技术支撑能力,着力于解决林业科技服务体系不健全与林业科技服务滞后等突出问题,有效增强退耕区林下经济发展质量。

3. 行业竞争较为激烈

《国务院办公厅关于加快林下经济发展的意见》(国办发〔2012〕42号)、《全国集体林地林下经济发展规划纲要(2014—2020)》(林规发〔2014〕195号)、《关于在贫困地区开展国家林下经济及绿色特色产业示范基地推荐认定的通知》(2016)、国家林业局林业发展"十三五"规划、近年中央一号文件及各地区林下经济发展促进意见等为促进林下经济发展提供了政策和资金保障;各地区充分认知到林下经济发展对充分利用森林资源、加强林业生态建设、促进农民增收致富、优化林业产业结构的重要作用,将林下经济发展作为生态林业、民生林业协同发展的有机载体。据估计,2020年各地区林下种植面积约1 800万公顷、实现林下经济总产值达1.5万亿元,林下经济发展规模与产业规模明显扩大,市场竞争形势日趋激烈。且各地区林下经济形成了林药、林菌、林草、林花、林粮、林菜、林油、林果、林茶等林下种植,林禽、林畜、林蛙、林蜂、林驯等林下养殖，野生药材、野生食用菌、山野菜、藤芒纺织等相关产品采集加工，观光休闲、度假养生、生态体验等森林景观利用等多维产业模式，林下经济产品趋同性较为明显，且林下经济产品多以低端、低附加值的初级林下经济产品为主，林下经济发展的资源优势难以有效转化为明显的市场优势与差异化优势，更是加剧了林下经济的行业竞争。因此，退耕区应充分认识到林下经济激烈的行业竞争形势，根据退耕区资源禀赋形成林下经济特色产品与特色模式，不断增强林下经济的竞争优势。

4. 市场组织化程度偏低

随着新型林业经营主体培育力度的不断加强，各地区林下经济龙头企业、专业合作社等新型主体快速发展，成为推动、引导、带动林下经济发展的重要力量，成为提升林下经济市场组织化程度的重要主体。当前，全国从事林下经济活动的林业专业合作社达1.6万家、林业龙头企业近2 000家、林下种养殖示范基地1.98万个，国家林下经济示范基地100余个。但由于"空壳社"存在、龙头企业与农户利益联结机制不合理等问题，新型经营主体难以成为促进小农户与现代农业有机衔接、建立健全现代农业经营体系的重要支撑，使得林下经济发展的组织化程度偏低，农户分散经营仍成为各地区林下经济发展的重要经营形式。因此，由于林下经济发展组织化程度低，林下经济生产的标准化、规范化、市场化、专业化水平弱化，林下经济产出效率、生产效率与综合生产率水平较差，难以推动林下经济健康、有序、稳固、可持续发展。各退耕区应建立完善的、以农民为主体的林下经济产业组织体系，推动林下经济小农户生产与现代市场经济的有机结合，不断增强林下经济发展的组织化与专业化水平。

5.2 退耕区林下经济的发展思路与指导原则

5.2.1 发展思路

退耕区林下经济发展应围绕"绿水青山就是金山银山"的基本理念，根

第5章 退耕还林工程区林下经济发展

据生态文明建设与美丽中国建设的总体要求,以强化森林资源保护、提升森林资源质量、促进农村发展、提高农民收入、巩固集体林权制度改革与退耕还林工程成果为目标,在保护生态环境前提下重点培育林下种植、林下养殖、相关产品采集加工、森林景观利用等林下经济发展模式,大力推进林业专业合作组织和市场流通体系建设,大力加强林下经济科技服务、政策扶持和监督管理,推动林下经济向集约化、规模化、标准化与产业化发展。为巩固退耕还林工程成果,应重点推进林下经济市场流通体系、林下经济标准化示范基地、林下经济新型经营主体、林下经济产品质量安全、林下经济社会化服务体系与基础设施建设,以切实增强退耕区林下经济发展活力、切实提升退耕区林下经济发展规模、切实提升退耕区林下经济发展质量、切实实现退耕区林下经济高质量发展。

1. 着力于建立健全林下经济市场流通体系

各退耕区应建立健全较为完整的区域性林下经济产品市场体系、较为高效的林下经济产品物流配送体系、较为密切的林下经济产品供产销关系,逐步形成畅通、高效、有序、完善的林下经济产品市场流通体系。在林下经济产品市场流通体系建设中,各退耕区应针对不同林下经济产品的生产、仓储和流通特性,重点支持建立分类仓储、分类流通林下经济产品市场流通体系,推进林下经济产品仓储中心、物流配送中心、批发市场与销售点网的升级改造,不断强化林下经济产品市场流通主体的产品集散能力、价格调控能力、信息传播能力、科技交流与会展贸易能力等,推动林下经济产品市场流通体系的现代化、市场化与信息化发展。各退耕区应加强部门协作与主体协调,推动建立覆盖林下经济产品生产、流通、消费的农产品信息网络,增强林下经济产品信息网络的市场监测、市场预警、信息分享、信息发布功能,及时向经营主体发布林下经济产品供求信息、价格信息与质量信息,切实增强林下经济市场流通体系的行业发展贡献。各退耕区应加快物流基础设施特别是冷链物流设备设施建设,有效降低林下经济产品的市场流通耗损、有效提升林下经济产品的配送质量、科学提高林下经济的配送效率;应积极培育林下经济产品流通主体,扶持发展多种类型的农民专业合作社,增强退耕农户的市场信息获取能力、市场谈判议价能力、竞争优势维持能力与市场发展趋向预测能力等,并鼓励退耕农户创办林下经济产品的专业化运销组织与民间经纪人队伍,推动林下经济产品个体运销户与农村经纪人向公司化、企业化、集体化等专业化方向发展。

2. 着力于加快林下经济新型经营主体培育

各退耕区应加快培育以林业专业合作社、林业龙头企业为主体,家庭林场、股份合作林场、林业行业协会等组织形式为补充的林下经济新型生产经营主体,完善退耕农户与林业专业合作社、林业龙头企业等新型经营主体的利益联结关系与利益协调机制,形成专业化、组织化、集约化、社会化的林下经济新型生产经营体系。在林下经济新型经营主体培育中,各退耕区应加快培育引进一批林下经济重点龙头企业,鼓励各林业龙头企业根据区域资源禀赋、经济基础与产业特色,大力发展林下经济标准化生产基地并不断提升林下经济加工增值能力;应鼓励引导龙头企业通过兼并、重组、参股、联合等资本运作方式,积极整合产业资源要素与产业市场主体,发展成为集团化、规模化、市场化的林下经济龙头企业,不断增强龙头企业的产业辐射能力、产业带动效应与产业引领作用。各退耕区应引导支持龙头企业与上下游企业形成战略联盟,切实增强林下经济产业链网主体间的纵向联系与横向耦合,推动产业主体优势互补与协同合作;应鼓励龙头企业提高技术研发、技术引进与技术创新投入,不断增强林下经济产品的精深加工能力,推动林下经济产业链的多元延伸,切实增强林下经济产业链网结构的稳定性与适应性。各退耕区应鼓励农户创办、兴办、参与林下经济家庭林场、林业协会、林业专业合作社、林业股份合作林场等新型林业经营主体,不断完善林业经济合作组织的管理体制与运行机制,增强林业经济合作组织发展的规范性、专业性与标准化,带动农户和促进区域林下经济发展。因此,各退耕区应重要扶持发展林业龙头企业与林业专业合作组织,加快培育专业化、市场化、组织化的林下经济现代经营体系,切实提升退耕区林下经济发展组织活力。

3. 着力于完善林下经济产品质量安全体系

当前我国正处于传统农业向现代农业转变的重要时期,但农产品质量安全隐患仍未得到根本性缓解,制约农产品质量安全的深层次矛盾仍未得到根本性解决,我国农产品质量安全形势十分严峻。《中华人民共和国农产品质量安全法》(2006)颁布实施以切实保障农产品质量安全,维护公众健康,促进农业和农业经济发展;《国务院办公厅关于加强农产品质量安全监管工作的通知》(国办发〔2013〕106号)提出加强农产品质量安全监管工作,以消除农产品质量安全隐患。为实现林下经济高质量发展,各退耕区应充分认识到林下经济产品质量安全的重要价值,加快建立健全林下经济产品质量安全体系建设,坚持"产出来"与"管出来"两手抓,以最严谨的标准、最严格的监管、最严厉的处罚、最严肃的问责,持续提升林下经济产品质量安全水平。在"产出来"环节,各地区应推进林下经济产品生产经营方式转变,切实加强林下经济生产的种苗畜种优良化、种养殖环节标准化、病虫害防治与畜禽疫病防治绿色化、林下经济产品加工清洁化无害化、林下经济产品流通安全化,从源头上保障林下经济产品质量安全。在"管出来"环节,各退耕区应建立健全林下经济产品质量安全监管体系,不断完善林下经济产品的生产资料监管、生产过程控制、产品监测抽查、产品信息追溯、畜禽定点屠宰加工、质量安全投诉举报与责任追究等各全过程监管制度,不断完善林下经济产品质量安全监管工作机制。各退耕区应加快推进以数据快速采集、信息即时查询、认证管理和技术信息服务为主要功能的林下经济产品质量管理信息系统与追溯管理信息平台建设,不断创新质量安全管理工具、不断优化质量安全管理手段、不断完善质量安全管理平台,重点推进"三品一标"林下经济产品(无公害林下产品、绿色林下产品、有机林下产品与地理标志产品)的质量安全追溯管理,鼓励林下经济专业合作社、龙头企业等新型经营主体率先开展林下经济产品质量安全认证与质量安全追溯体系建设,有效提升退耕区林下经济产品质量安全水平。

4. 着力于优化林下经济社会化服务体系

为实现林下经济产业有序稳固发展,各退耕区应充分发挥公共服务机构作用,以建设覆盖全程、综合配套、便捷高效的林业社会化服务体系为目标,加快构建公益性服务与经营性服务相结合、专项服务与综合服务相协调的林下经济社会化服务体系,为林下经济生产经营主体提供完善、便捷、有效的社会化服务,以满足退耕农户对林下经济技术、信息、金融等多方面多层次的服务需求,不断提升退耕农户发展林下经济的积极性与主动性。各退耕区应充分尊重退耕农户意愿,鼓励退耕农户组建或加入林业专业合作社,并支持符合条件的专业合作社开展林下经济科技推广、林下经济产品品牌培育、信息共享与市场预测、生产资料统一购买、产品统一加工、统一运输、统一贮藏、统一销售等服务,推进林下经济的经营规模化、集约化、专业化与标准化。各退耕区应积极组建林下经济专业协会,形成县、乡、村一体化的互动互联的专业协会服务构建,充分发挥行业协会在林下经济发展的政策咨询、信息服务、科技推广与行业自律等功能;应加快建设农村林业发展融资体系,不断完善银行、保险、林业、财政等部门和单位的沟通协调机制,为退耕农户的林下经济发展提供融资支持,不断扩大林业贴息贷款、扶贫贴息贷款、小额提供贷款的覆盖面,不断创新林权抵押贷款、林农小额信用贷款、林农联保贷款等新产品新服务,不断完善退耕区林下经济发展金融支持体系。各退耕区应切实加强林业科技推广的投入力度,建立健全覆盖县、乡、村的多级林业科技推广机构,积极推进优质种苗科技创新、良种选育推广、造林技术、林产品精深加工等技术成果的推广应用与教育培训,多渠道、多层次、多形式培育新型职业农民,切实提升林业科技对林业增效、林农增收的贡献率。同时,应加快培育农业经营性服务组织,引导经营性组织参与公益性服务,满足不同林下经济经营主体对社会化服务的需求,并大力发展主体多元、形式多样、竞争充分的社会化服务。

5.2.2 指导原则

1. 坚持生态优先,协调发展

林下经济有效协调了生态与经济之间的关系,是充分挖掘林地资源、推动林区经济发展、促进林业生态建设,实现经济效益、社会效益与生态效益有机统一的重要实践。各地区应充分认识到林下经济发展在促进区域生态建设、应对气候变化、提升森林资源数量与质量、丰富林区生物多样性、实现林区绿色增长中的首要作用,不断强化林下经济在促进农民就业增收、优化林区经济结构、巩固集体林权制度改革的重要作用,即实现林下经济发展与生态环境保护的有序衔接与全面协调。为提升林下经济发展质量,各退耕区应坚持确保森林资源良性增长、生态环境修复与生态环境保护优先的根本原则,严禁在退耕林地发展可能对生态环境造成严重破坏的林下种植或林下养殖,严禁以发展林下经济为名而破坏式开发或掠夺式利用退耕林地资源,全面凸显退耕还林工程的生态环境修复功能,全面促进退耕还林工程有序实施与退耕区林下经济发展的良性统一。

2. 坚持因地制宜,凸显特色

林下经济发展应充分依托区域自然资源、地理条件、市场环境与技术能力,充分发挥区域资源优势、人力资源、资金优势、技术优势,培育发展市场潜力大、区域特色明显、附加值高的林下经济,并推动林下经济的区域协调发展、不断优化产业布局、不断夯实林下经济发展基础,逐步实现"一县一业、一村一品"。为实现林下经济高质量发展,各退耕区应坚持分类指导、分区施策、因地制宜、突出特色,根据各地区气候特征及自然条件,科学规划林下经济发展方向与重点建设工作,积极培育最具适应性、竞争性、发展性与持续性的特色林下经济,不断推进退耕区资源优势转化为产业优势、产业优势转化为经济优势;应充分尊重退耕农户意愿,充分调动退耕农户发展林下经济的积极性、主动性与创造性,不应"一刀切"或"运动式"推进林下经济发展;应充分尊重退耕区新型主体培育进程与农业经营体系建设进展,因地制宜、因人制宜、因时制宜,有针对性地扶持发展林下经济新型经营主体,不断增强退耕区林下经济合作经营活力,不断释放林下经济发展的强大活力,不断增强林下经济在巩固退耕还林工程中的重要作用。

3. 坚持突出重点,有序推进

林下经济发展是一个长期的、系统的、渐进的、有序的发展过程,需要各地区根据资源禀赋条件,制定科学合理的林下经济发展规划、发展方向与发展布局,突出退耕区林下经济发展的重要工作,不断优化林下经济发展布局,重点推进林下经济产品精深加工,积极提升林下经济产品质量与技术增值能力;重点推进林下经济新品种、新技术、新模式、新理念的引进、研发、培育、应用与推广,不断提高林下经济发展质量;重点推进林下经济标准化生产示范基地建设,优先培育发展一批基础条件好、设施设备完善、辐射带动能力强的林下经济示范基地,因地制宜、循序渐进,形成"示范带动、典型引路、以点带面、逐步扩大、全面开花"的林下经济发展局面;重点推进林下经济产品质量安全与食用安全建设,不断完善林下经济产品标准和监测体系,推进林下经济产品质量管理平台、质量可追溯系统建设,持续推进林下经济的标准化、优质化发展;重点推进林下经济新型经营主体培育,积极发展林下经济专业大户、家庭林场、林业龙头企业、林业专业合作社,积极探索"农户+龙头企业""农户+生产基地+龙头企业""农户+林业专业合作社""农户+林业专业合作社+农业龙头企业"等林下经济发展模式,不断推动林下经济的集约化、规模化与现代化发展。

4. 坚持政府引导,市场运作

为推进林下经济健康、有序、稳固、可持续发展,各退耕区应坚持"政府引导、市场运作、农户受益"的基本原则,不断加大政府扶持力度,着力于建立健全林下经济发展扶持政策、金融支持政策,着力于加大对退耕农户的技术培训与技术服务,着力于鼓励引导退耕农户发展林下经济专业大户、家庭林场、林业龙头企业、林业专业合作社等新型经营主体,着力于增强行业协会、专业协会、龙头企业、林业专业合作社的辐射带动与示范引领作用,着力于发挥政府相关部门的宏观调控与整体协调作用,不断优化林下经济发展布局、不断增强林下经济发展活力、不断提升林下经济发展效能。各退耕区应遵循社会主义市场经济体系的基本规律与基本原理,充分发挥市场对资源配置的决定性作用,加快推进林业技术服务的市场化与资本化,不断优化林下经济品种结构与品质结构,加快推进林下经济的标准化与专业化生产;应根据市场需求,重点支持市场发展潜力大、市场需求旺盛、市场竞争优势显著、对退耕农户增收效果明显的林下经济产业业态。

5.3 退耕区林下经济发展的关键举措

5.3.1 持续优化退耕区林下经济发展布局

1. 退耕区林下经济产业结构优化

林下经济是现代林业产业体系的重要组成部分,是退耕区后续产业发展的重要业态,是巩固退耕还林工程成果、提升退耕农户收入水平的重要实践。为提升退耕区林下经济产业发展质量,各退耕区应科学确定林下经济发展整体规划、产业目标与重点建设任务,形成一批示范作用明显、带动作用突出、辐射作用显著的林下经济种植养殖项目,尽快形成退耕区林下经济示范项目集群;并不断优化林下经济产业结构,不断优化林下经济产业布局,推动林下经济与退耕区社会经济产业的协调发展。

各退耕区应有效增强"国家林下经济示范基地"的示范带动与辐射引领作用,根据"规模发展、集约经营、特色布局"的要求,结合退耕区产业基础、资源条件与市场需求,有序推进退耕区林下经济基地特色化建设,重要支持发展林下种植、林下养殖、休闲旅游与经济林产品采集等林下经济发展,持续加大林下种植养殖产业基地建设支持力度,并积极开展林下经济示范基地的推荐认定工作,不断增强林下经济示范基地的扶持规模与覆盖范围。各退耕区应实施林下生态种植工程,根据"长中短相结合、多品种搭配、适生地种植"的原则,重点推广林下优质中药材的生态种植,应根据退耕林地土壤瘠薄、易干旱、易荒草的特性,积极选择肉苁蓉、柴胡、金银花、五味子等耐瘠薄、耐干旱、耐荒草的粗生易长药材品种;积极选择一年种植多年受益的,以收获茎、叶、花、果等部分为主的,不必连年翻耕的,不破坏退耕地植被与退耕苗木根系的中药材;应根据退区资源优势与产业优势,推动林下中药材品种选择、种植布局、栽培技术、收获加工、包装储运等各环节的规模化、规范化、专业化、市场化与标准化,形成规模化发展与集约化运行、资源优势发挥与市场优势培育的有效统筹,切实增强退耕区林药产品品质。各退耕区应稳步推进林下生态养殖工程,积极发展林间牧草种植,大力推广林下仿生态养殖鸡、猪、羊等模式,重点推进林下种养、旅游、加工多业态融合的循环经济模式,努力降低林下养殖对环境的负面影响;实施林下经济示范基地建设特色化工程,支持区内外科研院所、院校、企业及社会力量与国有林场开展"园(院、所)场共建"工作,积极推广"龙头企业+专业合作社+基地+农户"发展模式,重点在林药、林菌、林菜、林花等林下种植领域建立一批示范基地,在全区形成一批相对集中连片、类型较多、示范带动作用强、具有鲜明区域特色的林下经济示范乡镇、示范村、示范点,大幅度提升林下经济产品市场竞争力,更好地发挥示范基地的带动辐射作用。

2. 加强林下经济示范基地建设

《国务院办公厅关于加快林下经济发展的意见》(国办发〔2012〕42号)提出"积极引进和培育龙头企业,大力推广'龙头企业+专业合作组织+基地+农户'运作模式,因地制宜发展品牌产品,加大产品营销和品牌宣传力度,形成一批各具特色的林下经济示范基地";《国家林业局关于加强林下经济示范基地管理工作的通知》(林改发〔2017〕103号)要求根据公开、公正、公平、择优的原则,继续开展"国家林下经济示范基地"创建工作,定期将林下经济规模大、管理水平高、产品质量优、带动能力强、扶贫效果好的地区及专业合作社或龙头企业等新型林业经营主体遴选命名为"国家林下经济示范基地",以充分发挥林下经济示范基地以点带面、以典型推动全局工作的重要作用,推动林下经济高质量发展。各退耕区应加快林下示范基地建设,加强对林下经济示范基地"生态保护、清洁生产、发展能力、科技支撑、内部控制、质量管理、品牌建设、利益联结机制"的规划指导,加大对林下经济示范基地科技推广、基础设施建设、品牌宣传、仓储物流的扶持力度,不断推进林下经济示范基地的规范化建设、标准化发展与市场化运营。各退耕区应推动林下经济示范基地结合区域生态承载力、资源禀赋与环境特征,推动林下经济发展规模、发展布局与产业项目的适应性调整,不断推进林下经济发展与生态环境保护的统筹协调;鼓励林下经济示范基地推广使用清洁生产技术与资源循环利用模式,加大有机肥、菌肥使用总量,加快使用生态调控、

第5章 退耕还林工程区林下经济发展

生物防治、理化诱控、科学用药等绿色防控技术,提高无抗绿色饲料使用规模,推进无公害林下经济产品、绿色林下经济产品、有机林下经济产品的有效供给规模,同时提升林下经济产品剩余物综合利用率与林下养殖粪污的无害化处理和资源化利用水平。各退耕区应不断延伸拓宽种苗供应、生产加工、仓储物流、技术培训等林下经济产业链条,重点扶持林业专业合作社、林业龙头企业等新型经营主体建设林下经济示范基地,不断增强林下经济示范基地的产业带动能力与示范效用;鼓励林下经济示范基地加快推进技术升级改造,积极与林业科技推广机构、高校、科研院所、科技创新企业等形成协同创新的稳定合作关系,不断增强示范基地林下经济发展的技术支撑能力;鼓励以林业龙头企业为主体的林下经济示范基地建立健全内部控制制度,不断优化组织管理制度、财务管理制度、建设管理制度、物资管理制度、质量管理制度、利益分配制度等内部控制体系,不断增强林下经济示范基地的内部控制与微观治理能力;鼓励林下经济示范基地运营主体强化林下经济产品质量安全管理意识,实行统一供应生产资料、统一田间管理、统一产品检测、统一产品销售,持续优化林下经济产品质量可追溯系统与质量安全管理体系,建立健全林下经济质量管理信息化数据平台,实现林下经济产品"生产有记录、信息可查询、流向可跟踪、质量可追溯、责任可追究、产品可召回"的全过程监管。各退耕区应鼓励林下经济示范基地推进品牌培育与品牌管理,加大林下经济品牌的宣传广度与深度,不断增强林下经济品牌的知名度、美誉度与忠诚度,不断提升林下经济示范基地发展效能;积极探索"龙头企业+专业合作组织+基地+农户""龙头企业+基地+农户""专业合作组织+基地+农户"等林下经济经营模式,不断优化退耕农户与新型经营主体等林下经济示范基地的利益联结机制,确保退耕农户能够分享到增值收益;同时,充分发挥政府资金的引导作用,支持林下经济示范基地综合生产能力建设与林下经济科研与技术推广,不断增强退耕区林下经济示范基地发展效能,不断增强退耕区林下经济的可持续发展能力。

5.3.2 持续加大林下经济发展的资金支持力度

1. 不断加大林下经济发展的公共财政支持力度

公共财政支持是调整林下经济产业结构与发展布局、提升农户发展林下经济的主动性与积极性、引导社会资金投资林下经济产业的重要工具。为提升退耕区林下经济发展活力、优化林下经济发展结构,各退耕区应科学安排财政资金鼓励引导退耕农户从事林下经济生产,鼓励退耕农户组建或参与家庭林场、林业专业合作,鼓励退耕农户与林业专业合作社、林业龙头企业等新型经营主体建立合作经营机制,进而加快退耕区林业经济的规模化发展与内涵式运营。退耕区各级地方政府应统筹协调财政资金设立林下经济发展专项资金,根据各级地方政府财政规模、林下经济发展现状与发展趋势,对退耕区林下经济进行稳定持续的财政资金安排;对县(市)级财政较为充足的退耕区,可适当减少省级财政直接支持力度,由县(市)级财政安排专项资金支持林下经济发展,并确保县(市)级财政资金支持的稳定性与充足性;对县(市)级财政较为紧张的退耕区,应以省级财政扶持为主、县(市)级财政适当投入;不断提升财政资金配置效率。

为充分发挥财政资金的产业结构调整杠杆作用,各退耕区应根据区域经济基础、资源特色与退耕还林工程实施现状,重点扶持发展态势好、产业需求大、市场反响佳、促农增收效果显著的特色林下经济品种。新疆退耕区各级地方财政应重点扶持黑木耳、灵芝、蘑菇等林菌,红嘴雁、鸡鸭等林禽,苜蓿、甜菜等林草、肉苁蓉、五味子等林药及林业旅游等林下经济,并不断加大中央财政专项资金倾斜力度。陕西秦巴退耕区重点扶持森林生态旅游和野生动植物养殖培植、森林绿色食品、中药材、富硒茶、生漆、油桐、蚕桑等林下经济产业;关中平原重点扶持精品高效果业、干杂果经济林、休闲观光林业、苗木花卉业、特色园艺产业和高新技术林产加工业;陕北黄土高原重点发展以红枣等干杂果、长柄扁桃和中药材为主的沙地经济,对不同林下经济模式实行有针对性的、差异化的财政补贴标准与补贴力度。甘肃退耕区应重点扶持发展天麻、玉竹、大黄、猪苓等林下草本药材,花椒、杜仲、厚朴、山茱萸等林下木本药材,紫斑牡丹、美人蕉、兰花等林下花卉,黄花菜、山药、百合、刺五加等林下蔬菜与山野菜,红豆草、三叶草、黑麦草等林草,林下养蜂、养禽等林业经济模式,充分发挥林下经济发展财政专项资金的产业发展导向作用。贵州退耕区财政资金重点扶持林下林间虫草鸡养殖等家禽产业、林下养殖蜜蜂产业、林下养猪、牛、羊等家畜养殖产业,香猪、竹鼠、石蛙、大鲵等林下特种动物养殖产业,森林旅游与康养行业等,并加大县(市)财政对林下经济基础设施建设、标准化生产技术规程研究与制定,林下经济产品品牌培育、林下经济发展贷款贴息的支持力度。为不断提升财政支持效率,对于分散退耕农户和林业专业合作社开展的林下经济活动多以直接补助为主、奖励为辅;对于从事林下经济的林业企业多以奖励或贷款贴息为主,综合考虑林下经济发展特色与林下经济经营主体特点采用不同的财政扶持方式,以切实提升林下经济财政专项资金投入的精准性与靶向性。

同时,加快落实林下经济发展的税收优惠政策,对退耕农户及其他林下经济生产经营主体在"发展林下经济过程中的农业机耕、排灌、病虫害防治、植物保护、农牧保险以及相关技术培训业务,家禽、牲畜、水生动物的配种和疾病防治项目,免征营业税;对农民生产的林下经济产品,免征增值税;对林业专业合作社销售给本合作社成员的农膜、种子、种苗、化肥、农药、农机等生产资料,免征增值税;对农民林业专业合作社与本社成员签订的农业产品和农业生产资料购销合同,免征印花税;对企事业单位从事种植、养殖和农林产品初加工所得,依法免征企业所得税",切实增强退耕农户、林业专业合作社、林业龙头企业等从事林下经济发展的积极性与热情。

2. 不断优化林下经济发展的金融扶持机制

各退耕区应充分发挥市场在资源配置中的决定性作用,持续加大林下经济发展的金融支持力度、探索实践绿色信贷、创新金融产品或服务,建立健全林权融资、评估、流转和收储机制,重点推进林权抵押贷款工作。林权抵押贷款是指"以森林、林木的所有权(或使用权)、林地的使用权,作为抵押物向金融机构借款,使森林资源变成了可抵押变现的资产"。各退耕区应积极借鉴福建"福林贷"模式与云南"林权IC卡"模式,不断创新林权抵押贷款管理模式,不断提高林权抵押贷款的整体规模与覆盖范围;应不断调整和优化林权抵押贷款结构,重点支持林下经济发展、林下经济产品精深加工、森林康养与森林旅游、林下经济新型经营主体发展等资金需求;重点开发适合区域林下经济发展的贷款品种,适度提高林权抵押率,积极推动贷款期限与林业生产、林业经济发展周期相适应,不断提升林权抵押贷款产品或服务的支持效用;探索与推广林权按揭贷款、林权直接抵押贷款、林权反担保抵押贷款、林权流转交易贷款、林权流转合同凭证贷款和"林权抵押+林权收储+森林保险"贷款等林权抵押贷款模式,引导降低综合信贷成本,在风险可控的前提下加大林下经济发展的金融支持力度。

退耕区各林业主管部门应加快推进林权类不动产登记和抵押登记工作,积极推进林权类不动产登记信息管理平台与林权管理服务信息平台的有效对接,切实加强抵押林权的监管,有效降低林权抵押贷款风险,全面优化林权信贷管理方式;各退耕区应积极培育业务强、质量好、信用优、收费适中的森林资源资产评估服务机构,加快建立布局优化、配置合理、适应需要的森林资源资产评估体系,为抵押林权进行科学的价值评估,为金融机构发放林权抵押贷款提供科学依据。为不断提升森林资源资产评估机制的科学性与适用性,各退耕区应委托林业主管部门、财政部门、资产评估协会、林业工程建设协会、专业金融机构等组织,研究制定符合退耕区资源属性、产业属性与金融特点的森林资源资产评估技术标准与技术规范,不断规范森林资源资产评估流程、不断优化森林资源资产评估方法、不断增强森林资源资产评估质量。各退耕区应鼓励引导金融机构合理拓宽林业抵押担保物范围,探索将林权证、林木蓄积量、林业企业厂房、林产品库存等作为有效抵质押担保物,创新开发银行+林权(含林木蓄积量、增长量)所有人+企业+保险公司模式、"库存质押+房产"模式等新型抵质押融资产品。同时,鼓励和支持以农民林业专业合作组织为主体的互助性担保体系建设与以林权抵押贷款担保为主要业务的担保机构发展,着力于构建以林下经济担保机构为基础、以县(市)级再担保机构为支撑、以农户信用信息基础数据库和林权管理服务信息系统为平台,以林下经济行业协会为纽带的林下经济融资担保服务体系。

5.3.3 加快推进林下经济新型经营主体培育

新型经营主体是推动林下经济专业化、组织化、集约化与社会化发展的组织支撑，是实现林下经济适度规模经营、提升林下经济发展动能与发展质量的重要力量。为深入贯彻落实《中共中央 国务院关于深入推进农业供给侧结构性改革加快培育农业农村发展新动能的若干意见》（中发〔2017〕1号）、《国务院办公厅关于完善集体林权制度的意见》（国办发〔2016〕83号）、《国家林业局关于加快培育新型林业经营主体的指导意见》（林改发〔2017〕77号）精神，各退耕区应以退耕农户分散经营为基础，以林业专业大户、家庭林场、农民林业专业合作社、林业龙头企业、林业专业化服务组织为重点，建立健全退耕区林下经济新型经营体系。退耕区林下经济新型经营主体培育应充分考虑区域农业土地规模与农业产业结构、农业产业化水平与农户职业素养等客观情况，充分尊重农户意愿，合理引导有意愿的农户进行农地流入或流出等自由流转；应鼓励引导金融机构创新新型农业经营主体金融产品或服务，不断简化新型农业经营主体贷款程序与贷款流程，为新型经营主体营造积极投融资环境；应鼓励农民工、退伍军人、大学生等培育发展林业专业大户、家庭林场、农民林业专业合作社、林业龙头企业、林业专业化服务组织等新型林业经营主体，实现林下经济机械化生产、规模化发展与专业化运营，有效提升林下经济生产率与农户收入水平。

1. 林下经济专业大户培育

退耕区应鼓励退耕农户根据依法自愿有偿的原则，结合自身资金实力、技术水平、劳动力数量与发展韧性，适度流转退耕林地或集体林地经营权，稳步扩大经营规模并发展成为适度规模经营的林下经济专业大户，把小农生产引入林业现代化发展轨道。林下经济专业大户由于流入部分林地，林业生产运营规模较大，使其林下经济生产成本、生产经营风险等远高于一般小农户。因此，专业大户应科学谨慎地选择林下经济发展项目，尽可能选择市场需求大、市场前景好、赢利水平高的，具有名、特、优、稀、奇属性的林下经济项目,避免盲目扩大发展规模、盲目选择产业项目、盲目进行林下经济投资。从当前来看,专业大户普遍存在种植养殖传统经验丰富与现代科学经营理念不足、具有一定经济头脑与市场思维略显不足、致富愿望强烈与文化素质低下、种植规模较大与市场营销能力不足等矛盾。退耕区应帮助退耕农户进行林下发展项目选择,不断提升林下经济产业项目的应用性、实践性与发展性;应通过专题讲座、现场培训、视频教学、远程指导、农业科技特派员创新创业等,对林下经济专业大户进行技能培训、业务指导或服务咨询,定期组织专业大户到林业龙头企业、林业专业合作社、林业标准化生产示范基地进行参观学习,不断提升专业大户的林下经济经营管理水平与市场营销能力,不断增强林下经济专业大户的集约化水平与专业化经营能力。

2. 林下经济家庭林场培育

家庭林场是以家庭为基本经营单位,家庭成员为主要劳动力,利用承包或流转的林地从事林业生产经营,以经营林业为主要收入来源,具有一定规模化、集约化、商品化水平的新型林业经营主体,是发展林业适度规模经营、开展现代林业建设,实现林业增效、农村增绿、农民增收的有生力量。各退耕区应引导退耕农户、专业大户根据自身家庭劳动力数量、经营管理能力、技术装备水平、投融资能力相匹配的适度规模经营,明确退耕区家庭林场的认定标准与发展条件,鼓励家庭林场以个体工商户、独资企业、合伙企业、有限公司等类型办理工商注册登记,逐步建成标准化生产、规范化管理、品牌化营销的现代企业。各退耕区应不断完善林下经济家庭林场的市场配套机制,建立林下经济自然灾害预警体系、林业有害生物预测与防治体系,并定期向家庭林场主反馈林下经济产品的市场供求信息与价格信息,有效增强家庭林场的自然风险与市场风险防范能力;应积极提升家庭林场主的品牌意识,对林下经济产品进行合理定位与品牌培育,不断增强林下经济产品的品牌的宣传与推广力度,有效增强林下经济产品的市场竞争力。

各退耕区应充分认识到普通退耕农户仍是退耕区林下经济生产经营的关键主体,林下经济家庭林场发展不应忽视普通农户的基础地位与作用;应充分认识到林下经济家庭林场与专业大户、林业专业合作社、林业龙头企业、林业社会化服务组织等经营主体是相辅相成的,家庭林场培育并不与其他生产经营主体培育相矛盾,应加快形成林下经济经营、集体经营、合作经营与企业经营等多种经营形式并存的良性局面;应加大对家庭林场的政策扶持与财政倾斜力度,完善林下经济建设项目、财政补贴、税收优惠、信贷支持、抵押担保、农业保险、设施用地等扶持政策,重点支持林下经济家庭林场稳定经营规模、改善生产条件、提高技术水平、改进经营管理;应明确家庭林场认定标准,明晰家庭林场的经营者资格、劳动力结构、收入构成、经营规模、管理水平等具体要求,并推进示范家庭林场创建活动,鼓励退耕农户根据自身意愿与发展实际创建家庭林场;应引导林业企业通过林业标准化生产示范基地、订单农业等方式,与家庭林场建立稳定的利益联结机制,引导区域林下经济家庭林场组建林下经济行业协会,不断增强家庭林场的组织化程度。

3. 林下经济专业合作社培育

林业专业合作社是克服家庭小规模、分散化经营格局,推动小农户与大市场的有效对接,促进林业标准化、产业化、信息化、组织化与生态化发展,加快林业产业结构调整与现代林业产业体系构建的重要形式;是提升林业生产要素配置效率,提高林农经营能力、技术水平、竞争意识与合作精神,实现林农稳步增收的重要抓手。为解决林下经济发展的退耕农户分散化经营问题,各退耕区应鼓励引导农户组建林下经济专业合作社,为退耕农户提供林下经济苗木、生物化肥、生物农药、林业机具等生产资料采购供应服务,提供林下花卉、畜禽、经济林产品、药材、蜂蜜等林下产品的销售、加工、运输、贮藏服务,提供林下种植、林下养殖、相关林产品采集、森林旅游与休闲服务的政策咨询、信息共享、许可代理等信息服务;提供新技术、新品种、林业防火、病虫害防治、动物疫病防治等技术服务,以充分凸显林业专业合作社在辐射带动、市场导向、品牌建设、统一销售、产品认证、风险应对等方面的显著优势。

各退耕区应加大政策引领与金融支持,为林下经济合作社等林业专业合作社的税费征收、计划审批、生产运营、人员培训等提供财政、贷款、融资等支持与服务,对发展较好的林业专业合作社通过中央财政或各级地方财政专项资金进行补贴或为其提供贷款担保、贷款贴息等,并鼓励各金融机构积极开发金融产品与服务。各退耕区应加大林下经济合作社理事长等管理人员的业务培训,加强管理人员对林业专业合作社相关政策、法律、法规的认知,对现代企业管理、市场营销、林业生产、林业技术、农产品物流等知识的了解,对森林资源监测、病虫害综合防治、林下经济绿色生产、节肥减药、节水灌溉等林业科技的掌握,不断增强林业专业合作社运营的规范性与标准化。

各退耕区应加快推动建立林业专业合作社现代管理制度,进一步规范林下经济合作社等林业专业合作社的立社审核登记、会计管理制度、财务管理和监督制度、内部利益分配机制、约束与监督机制,进一步健全林业专业合作社章程,明确林业专业合作社与社员的责权利关系与利益分配机制,不断增强林下经济专业合作社的内部治理能力,不断提升林下经济专业合作社的运营绩效。各退耕区应鼓励林下经济专业合作社通过自上而下、自下而上相结合的方式组建林业专业合作社联合社或林业专业合作社发展联盟,通过林业合作社联社巩固合作社经营规模、延伸合作社业务职能、拓宽合作社营销渠道,不断增强林业专业合作社的品牌效应与风险抵御能力,不断降低林业专业合作社的交易费用与运营成本、不断提升林业专业合作社的市场适应能力与市场竞争优势。各退耕区应鼓励各林下经济专业合作社探索"合作社+农户""合作社+龙头企业+农户""合作社+龙头企业+标准化生产基地+农户""合作社+龙头企业+农户+能人"等组织形式,有效增强林下经济专业合作社在联结退耕农户、林业龙头企业等主体的优势,切实优化林下经济专业合作社的业务职能与发展活力。

4. 林下经济龙头企业培育

林业龙头企业是对其他企业具有一定影响力与号召力,具有示范效用与引导作用的,管理科学、设备完善、资金雄厚、技术先进的现代企业主体,是区域内林业产业加工的关键主体、林业产业市场的中心组织,是提升林业产业核心竞争优势、优化林业产业链网结构、增强林业产业社会经济发展贡献的重要主体。为切实增强退耕区林下经济发展效能、延伸优化林业产业链、增强林下经济精深加工能力,各退耕区应着力于加快培育林下经济龙头企业,不断增强林下经济标准化基地建设、不断优化龙头企业财税优惠政策、不断提升林下经济产品品牌价值、不断增强林下经济科技创新活力、不断提升林下经济产品质量。

各退耕区应加快推进林下经济标准化生产示范基地建设,积极完善林下经济标准化生产示范基地的环境条件、基础设施、配套设备与生产标准,为林下经济龙头企业培育与引进奠定良性支撑;应贯彻落实"一控二减三基本",严格把控林下种植与林下养殖等林下经济生产的农药施用、化肥投入与饲料投放,加快推进林下经济生产的畜禽粪污、秸秆、残膜等无害化处理与资源化利用,实现林下经济发展的绿色化、优质化、生态化与标准化;应建立健全林下经济龙头企业与退耕农户的合作机制,形成风险共担、利益共享、信息共通的稳固合作关系,切实保障林下经济龙头企业与林下经济微观主体的合理收益,有效降低林下经济产业主体间的市场交易成本。

各退耕区应充分认知到林下经济龙头企业的关键地位与优势作用,充分认识到林下经济龙头企业对退耕农户增产增收、促进林下经济产业化与规模化发展的重要促进机制,持续优化林下经济龙头企业发展的财政扶持政策与税收优惠政策,鼓励林下经济龙头企业开展产品精深加工、技术创新、技术引进、资本重组与市场开拓,进而增强林下经济龙头企业的市场竞争优势与可持续发展能力。各退耕区应围绕区域资源优势、市场环境与产业格局,打造一系列林下经济地理品牌标志,以提升林下经济龙头企业的美誉度、知名度与顾客满意度;鼓励林下经济龙头企业加大产品品牌宣传推广与品牌培育力度,不断增强林下经济产品品牌价值,适时申请林下经济产品的中国驰名商标,有效提升林下经济产品的附加值。各退耕区应支持林下经济龙头企业增强科技创新能力与精深加工工艺水平,持续更新林下经济产品精深加工技术、持续改进林下经济产品精深加工工艺、持续优化林下经济产品结构、持续完善林下经济产品生态循环发展理念,为林下经济龙头企业的高附加值产品生产奠定技术支撑,有效增强林下经济龙头企业的生产经营收益。各退耕区建立健全林下经济龙头企业全过程质量管理机制，对龙头企业的林下经济种植养殖环节、产品生产加工环节、产品流通配送环节等进行全面质量管理，并加快建立林下经济产品质量安全追溯管理系统，促使龙头企业生产出符合国内外林下经济市场需求的高品质产品，提升林下经济龙头企业的产品有效供给能力，增强林下经济龙头企业的可持续发展能力，凸显林下经济龙头企业的辐射作用、引领效用与示范能力，为退耕区林下经济健康、有序、稳固、可持续发展奠定组织基础。

5.3.4 加快推进退耕区生态旅游业发展

退耕区根据"生态建设产业化、产业发展生态化"的发展思路，依托退耕区林业资源基础，以森林资源保护为前提、以林下资源立体化开发为重点，不断盘活退耕区林业资源，推动生态环境修复与林业产业发展、退耕农户森林资源管护行为与森林资源适度开展行为的相互促进、相互协调、相互统一，不断巩固退耕还林工程成果。

1. 开发多元化的生态旅游产品

森林旅游与休闲服务业是退耕区充分释放林业资源开发潜力、推动林业产业提质增效、调整优化林业产业结构、促进农户脱贫增收的重要产业业态。但从当前来看，由于森林旅游资源整合力度不足、森林旅游项目创新性弱化、森林旅游产品重复性强且特色缺乏，退耕区森林旅游业普遍存在旅游产品吸引力不足问题，难以满足消费者的高品质森林旅游需求。为推进森林旅游业的高质量发展，各退耕区应加快调整森林旅游产品结构、优化森林旅游业开发战略、优化森林旅游产品结构、整合区域森林资源，重点开发森林观光、度假养生、森林文化、民俗风情、科研教育等多元化生态旅游产品，推动退耕区资源优势转化为经济优势，全面构建退耕区生态旅游发展新格局。各退耕区应以森林景观为基础，突出各退耕区独特的荒漠化景观、石漠化景观、重要水源地景观、陡坡地景观、原始地貌景观等，突出森林旅游资源的区域特色、季节特征与景观特质，并推动山水林田湖草荒漠等不同类型景观要素的综合开发，形成多元化的观赏型生态旅游产品。各退耕区应深入挖掘生态旅游产品的休闲体验属性,不断增强生态旅游产品的体验价值与感知效用;应根据退耕区乡土文化、民俗风情与资源特色,通过农家乐、探险、狩猎、野炊、徒步、攀岩、美食节、节庆活动、祭祀活动等体验活动,不断增强生态旅游产品的参与性、体验性、文化性、休闲性与多样性,使旅游者在体验森林旅游时能够体验到独特的风土人情、民族风情、田园风光与传统文化,不断推进退耕区生态旅游产品的高质量发展。各退耕区应充分挖掘森林资源的科研教育功能,使退耕区现代林业产业体系、现代林业生态体系与现代生态文化体系建设成为生态文明教育的重要载体,使退耕区居民与旅游者能够认知到退耕还林工程在森林资源修复与生态环境保护中的重要价值,能够意识到人类与森林的关系,能够推动森林资源开发向森林资源保护与可持续利用的转变,切实提升消费者的旅游感知,切实延伸森林旅游业的产业功能。因此,各退耕区应根据区位条件、旅游资源、景观类型、市场需求与资金规模,有针对性地开发观赏型、休闲体验型、科研教育型、生态度假型、文化感知型与项目参与型生态旅游产品或产品组合,不断提炼、升华、创新符合本土资源特色的生态旅游产品与休闲服务,不断增强退耕区生态旅游的消费者感知体验,切实增强退耕区生态旅游与休闲服务业发展效能。

2. 不断优化生态旅游产品品牌形象

各退耕区应加强生态旅游产品的营销管理,通过信息网络、期刊报纸、文化展板、推介会、旅行社等载体平台宣传推广区域旅游资源,综合运用公共关系、宣传广告、人员推广、业务促销等营销要素,充分利用软硬广告、节庆活动、新闻媒介、展览推销等营销形式,不断强化退耕区生态旅游产品品牌形象与效果,不断增强退耕区生态旅游产品营销水平;同时,引导企业、农民专业合作社、退耕农户参与退耕区旅游开发,不断创新退耕区生态旅游开发模式。在当前个性旅游与大众旅游共存、理性消费与感性消费共存、旅游体验与服务考量共存等相互交织、相互影响的旅游市场趋势下,退耕区生态旅游应推动产品营销向品牌营销的转变,不断增强生态旅游产品的品牌文化与品牌内涵,通过优质品牌吸引消费者,通过品牌宣传推广拓宽旅游市场,通过品牌价值提升增强退耕区生态旅游业的竞争优势;各退耕区应充分挖掘退耕区旅游品牌的文化内涵与精神内核,通过"培育品牌、传播品牌、缔造品牌"培育退耕区生态旅游产品的品牌支撑体系,不断增强生态旅游产品的影响力与创造力。各退耕区应强化消费者的生态旅游产品品牌形象感知,重点突出退耕区资源特色、积极整合退耕区旅游资源、全面凸显退耕区地方特质,形成统一的区域生态旅游形象;应通过简练精要、形象鲜明的语言、标识、色彩等呈现退耕区生态旅游的自然景观要素、人文要素与地区特色,并对退耕区旅游形象进行信息提炼与艺术加工,强化旅游品牌的独特性、唯一性与代表性;各退耕区生态旅游产品品牌形象设计应凸显退耕还林工程的多维效益,强化退耕还林工程的生态价值、突出生态旅游对巩固退耕还林工程的重要作用,切实增强生态旅游产品的品牌价值与品牌效用。

3. 强化生态旅游发展的政府支持与保障机制

各退耕区应树立"创新、协调、绿色、开放、共享"五大发展理念,加快推进生态旅游业管理体制机制改革,推动退耕区生态旅游业的发展全域化、供给品质化、治理规范化、布局协同化与效益最优化,不断增强生态旅游业对各区域产业高质量发展的带动作用;应加大生态旅游招商引资力度,创新生态旅游业投融资机制,依托生态旅游产业发展基金、生态旅游投融资促进会与推介会等平台,拓宽生态旅游投融资渠道,推动生态旅游资源市场配置最优化;支持生态旅游龙头企业发展,鼓励企业通过资产重组、相互换股参股、资源整合、品牌输出等做大做强退耕区生态旅游业;引导退耕区林业专业合作社、家庭林场、林业大户等新型林业经营主体积极参与生态旅游,扶持发展一批林业生态旅游经营主体,不断增强林业生态旅游业的发展活力。各退耕区应不断完善智慧旅游的顶层设计,搭建生态旅游服务、生态旅游监管、生态旅游政务系统平台,实现生态旅游业的全信息把控、全方位感知、全过程监管与全维度服务,并不断优化生态旅游运行监测平台、服务监管平台、舆情监管平台、突出情况应急处置平台、移动执法平台,实现退耕区生态旅游业的信息化、网络化与智能化。各退耕区应加快生态旅游服务标准化建设,结合退耕区生态旅游资源禀赋与生态旅游发展态势,结合旅游服务业国际标准、国家标准与行业标准,形成具有较高适应性与针对性的退耕区旅游服务标准体系,并加快制定生态旅游、休闲农业等新型产业业态的旅游服务标准。各地方政府应加快推进退耕区林业生态旅游示范区建设,通过财政专项资金优先支持发展生态旅游区域旅游品牌,并积极参与遴选国家级生态旅游示范基地等国家级生态旅游品牌,形成退耕区积极发展生态旅游的示范作用与引领效用;各地方政府应发起设立退耕区生态旅游产业发展基金,不断扩大退耕区生态旅游发展投融资渠道,引导社会资本投入退耕区生态旅游建设,支持生态旅游龙头企业通过政府和社会资金合作(PPP)模式投资、建设、运营退耕区生态旅游项目,不断夯实退耕区生态旅游业发展的资金基础。

5.4 本章小结

林下经济是巩固退耕还林工程成果、延伸退耕农户收入渠道、提升退耕农户收入水平的重要实践,是退耕还林工程区最有效的后续产业发展业态。本章论述了退耕区林下经济发展的优势、劣势、机会与威胁,理清了退耕区林下经济发展的整体态势,提出了退耕区林下经济的发展思路与指导原则,并阐释了退耕区林下经济发展的关键举措,即通过持续优化退耕区林下经济发展布局、持续加大林下经济发展的资金支持力度、加快推进林下经济新型经济主体培育、加快推进退耕区生态旅游业发展等不断增强退耕区林下经济发展效能,以有效提升退耕农户收入水平、维持农户退耕参与行为、巩固退耕还林工程成果。

第6章 退耕还林工程区休闲农业发展

休闲农业是指利用田园景观、自然生态及环境资源,结合农林牧渔生产、农业生产经营与农村文化生活等,发展观光、休闲、旅游的一种新型农业生产经营形态,是调整优化农业产业结构、推进农业供给侧结构性改革、深度开发农业资源潜能、加快改善农业生产条件、有效增加农民收入的新型产业业态。《关于大力发展休闲农业的指导意见》(农加发〔2016〕3号)提出"坚持农耕文化为魂,美丽田园为韵,生态农业为基,传统村落为形,创新创造为径,加强统筹规划,强化规范管理,创新工作机制,优化发展政策,加大公共服务,整合项目资源,推进农业与旅游、教育、文化、健康养老等产业深度融合,大力提升休闲农业发展水平,着力将休闲农业产业培育成为繁荣农村、富裕农民的新兴支柱产业"。《中共中央 国务院关于深入推进农业供给侧结构性改革加快培育农业农村发展新动能的若干意见》(中发〔2017〕1号)提出"拓展农业多种功能,推进农业与休闲旅游、教育文化、健康养生等深度融合,发展观光农业、体验农业、创意农业等新产业新业态;实施休闲农业和乡村旅游提升工程,加强标准制定和宣传贯彻,继续开展示范县、美丽休闲乡村、特色魅力小镇、精品景点线路、重要农业文化遗产等宣传推介;鼓励农村集体经济组织创办乡村旅游合作社,或与社会资本联办乡村旅游企业"。《中共中央 国务院关于实施乡村振兴战略的意见》(中发〔2018〕1号)提出"构建农村一二三产业融合发展体系,大力开发农业多种功能,延长产业链、提升价值链、完善利益链;实施休闲农业和乡村旅游精品工程,建设一批设施完备、功能多样的休闲观光园区、森林人家、康养基地、乡村民宿、特色小镇"。《中共中央 国务院关于坚持农业农村优先发展做好"三农"工作的若干意见》(中发〔2019〕1号)提出"充分发挥乡村资源、生态和文化优势,发展适应城乡居民需要的休闲旅游、餐饮民宿、文化体验、健康养生、养老服

第6章 退耕还林工程区休闲农业发展

务等产业;加强乡村旅游基础设施建设,改善卫生、交通、信息、邮政等公共服务设施"。休闲农业是发展现代农业、增加农民收入、巩固退耕还林工程成果的重要举措,是退耕区发展新经济、拓展新领域、培育新动能的必然选择。

6.1 退耕区休闲农业的发展环境

6.1.1 优势分析

1. 产业资源优势

退耕还林工程坚持封山绿化、水土保持、生态恢复与环境保护,是贯彻落实"绿水青山就是金山银山"理念的根本体现,是增加森林植被、再造秀美山川、维护国土生态安全,实现人与自然和谐共进的一项重大战略工程。两轮退耕还林工程真正改写了"越垦越穷、越穷越垦"的发展历史,取得了生态改善、农民增收、农业增效、农村发展的综合效益;退耕还林工程推动了土地利用格局的有效调整,退耕区水土流失情况大幅度减少、风沙灾害明显降低,生态面貌显著变化、生态安全水平明显提升。通过退耕地森林资源培育、封山育林与荒地造林,退耕区国土绿化进程不断加快,森林覆盖率显著提升,林业的调节气候、涵养水源、净化空气、保护生物多样性等生态功能不断强化,退耕还林工程对改善区域生态环境、维护国土生态安全发挥了重要作用。各退耕区能够依托田园风光、绿水青山与乡土文化,有规划地发展休闲农庄、农业主题公园、农事景观观光、休闲养生、农耕体验、农林产品采摘、教育展示等休闲农业产品业态,推动农业一二三产业融合发展。因此,退耕还林工程为休闲农业发展提供了资源要素,为拓宽休闲农业产品业态、优化休闲农业发展布局、提升休闲农业发展活力奠定了产业基础。

2. 基础设施优势

休闲农业高质量发展依赖于完善的"道路、供水设施、宽带、停车场、厕所、垃圾污水处理、游客综合服务中心、餐饮住宿的洗涤消毒设施、农事景观观光道路、休闲辅助设施、乡村民俗展览馆和演艺场所等基础服务设施",健全的"特色餐饮、特色民宿、购物、娱乐等配套服务设施"。近年来,中央及地方财政加大了农村农业标准化生产基地、水利、道路、水、电、通信等基础设施建设投入,退耕区现代农业发展条件不断优化、农村生产生活设施不断完善、后续产业发展基础设施不断健全,为退耕区休闲农业发展提供了有力支撑。

3. 人力资本优势

退耕还林工程实施以来,退耕农户生计方式将产生适应性调整,从传统农业生产经营为主转向退耕地生产经营、农业生产经营、农村社会服务业、农村家庭手工业、进城务工等多元化生计行为。退耕还林工程是调整农业产业结构、提升农户收入水平的重要实践,将为退耕区休闲农业发展提供充足的劳动力,且各退耕区也引导和支持退耕农户积极推动农耕文化传承、创意农业发展、乡村旅游、传统村落传统民居保护、精准扶贫、林下经济开发、森林旅游、水利风景区和古水利工程旅游、美丽乡村建设的有机融合,因地制宜、适度发展退耕区休闲农业,不断提升退耕农户休闲农业发展意识、不断增强退耕区休闲农业发展活力、不断扩大退耕区休闲农业发展规模。因此,退耕还林工程的稳步实施将催生大规模退耕农户与多元化的农户生计路径,为退耕区休闲农业发展提供充足的人力支持。

6.1.2 劣势分析

1. 政府扶持力度不足

随着农业供给侧结构性改革不断深入,休闲农业成为调整农业产业结构、优化农业发展方式、推动农业产业提质增效、促进农户脱贫增收的重要举措,成为推动农业一二三产业融合发展、深度挖掘农业产业发展潜能、促进农业产业业态创新的重要实践。各级地方政府充分意识到休闲农业发展的重要价值,但由于地方财政资金紧张等客观原因而对休闲农业发展的资金扶持力度略显不足,且尚未形成完善的优惠扶持政策、财政补贴政策、税收减免政策、投融资支持政策等政策体系,难以满足退耕区休闲农业规模化、市场化与高质量发展的资金需要,使得资金短缺成为制约退耕区休闲农业发展的短板。同时,由于休闲农业产品业态丰富、产业类型多样,休闲农业监管难度较大,休闲农业产业项目管理的规范化不足、标准化滞后,将在一定程度上损害退耕区休闲农业可持续发展能力。

2. 产业发展较为粗放

"休闲农业是现代农业的新型产业形态和现代旅游的新型消费业态,是农村社会经济发展的新增长点",但休闲农业发展现状与爆发式增长的市场需求还不适应,休闲农业发展方式还较为粗放,休闲农业业态普遍存在"产品雷同、创意缺乏、精品不足、内涵缺失"等问题,出现了"一流资源、二流创新、三流产品"的休闲农业发展消极格局。由于退耕农户普遍缺乏"先规划后建设"的意识,且由于受教育程度、发展理念、市场思维、经营能力、资本规模的约束,退耕农户多根据退耕地林业资源、结合其他主体或退耕农户发展经验进行休闲农业发展,使得退耕区休闲农业缺乏科学的自身定位与合理的发展规划,不可避免地出现盲目开发。从根本上来看,退耕区休闲农业发展仍处于自发的松散经营状态,规模偏小、布局分散、结构失衡、项目单一、竞争无序,农家乐、小型观光农业成为退耕区休闲农业的主要模式,高端精品休闲农业资源整合不足、休闲农业发展特色弱化、休闲农业代表性品牌缺乏,休闲农业市场竞争优势不足,休闲农业产品难以满足消费者的高端产品需求,难以推动退耕区休闲农业的可持续发展。

3. 营销策略稍显滞后

作为"现代农业+休闲旅游业"的新型产业业态,休闲农业是"以农耕文化为魂、以美丽田园为韵、以生态农业为基、以创新创造为径、以古朴村落为形",是与现代农业发展、美丽乡村建设、生态文明建设、文化产业发展、农业创新创业相互融合的高级业态。休闲农业以农业农村景观为基础,以农事活动体验为中心,对项目主题设计的文化内涵、产业经营主体的经营理念与发展思维、基础设施的完善程度、自然景观与农耕文化的融合程度,特别是经营者的整体素质提出了更高要求。但从当前来看,退耕区休闲农业产业项目多以相对低端的农家乐为主,农业经营主体多以分散农户为主,休闲农业经营主体的市场竞争意识薄弱、营销管理观念不足、宣传推介力度不够，使得市场潜在消费者难以有效转化为休闲农业客户。退耕区休闲农业营销管理多以传统营销手段为主，网络营销、体验营销、播客营销、趣味营销、知识营销、节假日营销、精准营销等新型营销手段的应用性不足；且退耕区休闲农业营销管理往往较为粗放，缺乏市场环境分析、消费心理分析、产品优势分析、营销方式和平台选择分析等系统的营销管理规划，缺乏对区域人文环境、经济环境、自然环境、技术环境、政治法律环境等宏观环境的深入分析，缺乏对区域消费群体、竞争者、社会公众、经营主体等微观因素的全面审视，使得休闲农业营销策略制定及营销管理缺乏操作性、实践性、针对性与有效性，难以满足退耕区休闲农业高质量发展的根本需求。

6.1.3 机会分析

1. 农业供给侧结构性改革持续推进

根据《中共中央 国务院关于深入推进农业供给侧结构性改革加快培育农业农村发展新动能的若干意见》（中发〔2017〕1号）文件精神和《农业部关于推进农业供给侧结构性改革的实施意见》（农发〔2017〕1号）文件精神，各地区应积极发展休闲农业与乡村旅游业，以"拓展农业多种功能，推进农业与休闲旅游、教育文化、健康养生等深度融合，发展观光农业、体验农业、创意农业等新产业新业态；实施休闲农业和乡村旅游提升工程，加强标准制定和宣传贯彻，继续开展示范县、美丽休闲乡村、特色魅力小镇、精品景点线路、重要农业文化遗产等宣传推介；鼓励农村集体经济组织创办乡村旅游合作社，或与社会资本联办乡村旅游企业"，以优化休闲农业与生态服务供给质量、提升休闲农业产业发展效能、增加休闲农业经营主体收入水平，不断调整休闲农业产业结构、不断推进休闲农业产业体制机制改革、不断创新休闲农业产品业态、不断扶持培育休闲农业新型经营主体、不断增强休闲农业发展新动能。因此，农业供给侧结构性改革的持续推进为退耕区休闲农业的规模化发展、现代化建设、市场化运营与标准化管理创造了积极条件与良好机遇，使休闲农业发展成为巩固退耕还林工程成果的重要探索。

2. 乡村振兴战略有序实施

实施乡村振兴战略是解决人民日益增长的美好生活需要和不平衡不充分的发展之间矛盾的必然要求，是推动农业全面升级、农村全面进步、农民全面发展的重要举措。《中共中央国务院关于实施乡村振兴战略的意见》（中发〔2018〕1号）提出"构建农村一二三产业融合发展体系，大力开发农业多种功能，延长产业链、提升价值链、完善利益链；实施休闲农业和乡村旅游精品工程，建设一批设施完备、功能多样的休闲观光园区、森林人家、康养基地、乡村民宿、特色小镇""正确处理开发与保护的关系，运用现代科技和管理手段，将乡村生态优势转化为发展生态经济的优势，提供更多更好的绿色生态产品和服务，促进生态和经济良性循环。加快发展森林草原旅游、河湖湿地观光、冰雪海上运动、野生动物驯养观赏等产业，积极开发观光农业、游憩休闲、健康养生、生态教育等服务。创建一批特色生态旅游示范村镇和精品线路，打造绿色生态环保的乡村生态旅游产业链"。休闲农业是有效增加农业生产产品和休闲服务的供给能力，推动农业产业结构根本性改善与农业农村现代化建设的重要着力点，是乡村振兴战略有序实施的重要着眼点。乡村振兴战略为各地区休闲农业发展提供了战略指引与发展支撑，为退耕区休闲农业高质量发展提供了重要机遇。

3. 休闲农业市场需求不断旺盛

近年来，随着消费者生活水平的不断提升、消费层次的不断升级、消费理念的不断优化，其更追求"回归自然、崇尚本真"的田园生活，使得休闲农业与乡村旅游需求更加旺盛，为休闲农业和乡村旅游业发展迎来了积极发展机遇。休闲农业"以农耕文化为魂、以美丽田园为韵、以生态农业为基、以创新创造为径、以古朴村落为形"，是保护农村生态环境、建设美丽乡村的有效手段，是传承农耕文明、弘扬传统文化的重要举措；休闲农业产业业态顺应了"创新、协调、绿色、开放、共享"五大发展理念，是新时代农业绿色发展、多功能建设的重要内容，符合绿色、低碳、环保、循环的时代发展潮流。近年来，消费者越来越注重田园生活与农农活动的亲身体验与亲身参与，更注重休闲旅游的文化内涵与养生功能，更强调旅游服务与绿色、环保、健康、科技、文化等主题的紧密结合,使得休闲农业成为满足消费者多元旅游需求的重要路径。因此,日趋旺盛的休闲旅游需求为退耕区休闲农业产业业态创新、休闲农业产业结构优化、休闲产业布局调整奠定了市场基础,为退耕区休闲农业健康、有序、稳固、可持续发展提供了重要机遇。

6.1.4 威胁分析

1. 周边地区同业竞争较为激烈

近年来,随着国家对休闲农业发展的支持力度不断加大,各地区休闲农业呈现"井喷式"增长态势,休闲农业产业规模不断扩大、产业业态类型不断丰富、产业内涵不断拓展。据统计,2018年全国休闲农业和乡村旅游接待人次超30亿,营业收入超过8 000亿元,休闲农业成为优化农业产业结构、挖掘农业增收潜力、提升农户经营收益的重要选择。同时,休闲民俗村、乡村度假村、农业主题公园、农村传统村落等休闲农业产品不断创新,各地区休闲农业产品的精品化、高端化、规范化、特色化与标准化程度不断提升,各地区休闲农业逐步从农家乐形式向观光、休闲、度假、康养、教育等复合型转变,休闲农业发展的多样化、融合化与个性化水平不断增强。从当前来看,各地区休闲和乡村旅游仍停留在以"农家乐"为主的低水平层次,仅2017年全国农家乐数量已达到220余万家,占全国休闲农业与乡村旅游经营单位的75.86%,休闲农业仍有极大的产业发展空间。各地区普遍存在休闲农业产业层级较低、休闲农业整体规模偏大、休闲农业经营主体偏多、休闲农业产品类型趋同等突出问题,使得退耕区休闲农业发展呈现激烈的低水平的同业竞争格局,使得农乐家等休闲农业经营主体更倾向于通过耗费人力、物力、财力或产品服务质量的"价格战"来维持休闲农业发展生存,将造成休闲农业竞争主体双方的损耗,极大地影响了退耕区休闲农业规范化发展与高质量运营。

2. 休闲农业的人才约束较为突出

休闲农业的发展规划制定、产业经营管理、产品创新开发与产业营销服务等需要专业的技术人员、高素质的经营管理人员与持续的资金投入。但

第6章 退耕还林工程区休闲农业发展

从当前来看,退耕区休闲农业经营主体往往是依托于国家对休闲农业的政策支持与资金补助、借助退耕还林工程参与机遇而转向发展休闲农业,其往往缺乏休闲农业发展的从业经验甚至并不准确地了解"什么是休闲农业,如何发展休闲农业",其往往缺乏"先规划后建设"的基本理念而盲目地发展投资休闲农业,其往往缺乏市场思维、发展理念、营销能力与服务意识,使得休闲农业发展效能不足。休闲农业经营管理人员与服务人员等知识层次普遍较低、发展观念相对传统、管理理念相对落后、专业能力相对薄弱,难以为退耕区休闲农业发展提供积极的智力支持与人力保障。因此,由于从业人员文化素质、专业能力、职业素养的硬性约束,退耕区休闲农业发展面临着极大的挑战,在一定程度上阻滞了退耕区休闲农业的高质量发展,弱化了休闲农业对巩固退耕还林工程成果的产业贡献。

3. 休闲农业发展对生态环境扰动较大

休闲农业发展依赖于人文景观、自然景观等环境要素,是具有绿色、低碳、循环属性的新型产业业态。在休闲农业发展过程中,部分经营主体忽视了产业发展与生态环境统筹协调的根本基础,在商业化动机驱使下盲目对传统村落进行翻新改造、对农村自然景观进行人为干预或破坏、对休闲农业项目区进行过度建设,破坏了休闲农业的自然意境与文化内涵,甚至对当地生态环境产生了严重威胁。据调查,部分经营者以发展现代农业或休闲农业为名在农业园区或耕地上直接违法违规建设私家庄园、在农业大棚内违法违规建房等非农建设问题,不符合中央土地管理基本国策与耕地保护基本制度。从当前来看,各退耕区由于缺乏统一的休闲农业发展规划、缺乏完善的休闲农业监管机制、缺乏合理的休闲农业行业标准,使得部分休闲农业经营主体无视对生态环境的影响甚至走国家休闲农业促进政策"擦边球",对退耕区自然资源与人文资源进行盲目开发与非理性扩张,无异于自挖休闲农业发展陷阱,不利于休闲农业的可持续发展。

6.2 退耕区休闲农业的发展思路与指导原则

6.2.1 发展思路

退耕区休闲农业发展应坚持退耕还林工程生态效益－经济效益－社会效益的多元目标协调统筹不动摇,围绕乡村振兴发展、农业供给侧结构性改革、现代农业体系构建、农民增收致富的经济目标,退耕区生态环境修复、生态环境保护、生态安全水平提升的生态目标,坚持农耕文化为魂、美丽田园为韵、生态农业为基、传统村落为形、创新创造为径,结合退耕区资源和环境承载力、产业资源禀赋、社会经济格局、产业基础设施、产业发展条件,推进退耕区现代农业与旅游、教育、文化、康养、休闲、娱乐、文化等产业深度融合,不断增长休闲农业发展活力、不断增强休闲农业发展质量、不断提升休闲农业经营收益,使休闲农业成为巩固退耕还林工程成果的重要探索,成为提升退耕农户收入水平与生活质量的重要实践,成为调整农业产业结构、推动农业产业提质增效、促进农业供给侧结构性改革、推进农村一二三产业融合发展的重要举措。为实现退耕区休闲农业高质量发展,各退耕区应坚持退耕还林工程有效持续运行的根本前提,鼓励引导退耕农户积极投资发展休闲农业,整合退耕区休闲农业项目资源,加大休闲农业发展的优惠政策与资金补助力度,创新休闲农业管理体制机制,着力于将休闲农业培育成为退耕区重要的后续产业与退耕农户增收致富的新兴支柱产业。

1. 着力于完善休闲农业基础设施与公共服务设施

从本质上看,休闲农业是现代农业与乡村旅游业有效衔接的新型产业业态,基础设施的完善程度直接决定了消费者的旅游体验与旅游感知,直接决定了退耕区休闲农业发展质量。各退耕区应根据国家休闲农业行业标准与运行规范,明确规定休闲农业发展的从业资格、经营场地、接待设施与环境标准等内容,加快休闲农业经营场所的道路、水电、通信、安全防护、特色民宿、购物中心、娱乐中心等基础设施建设,完善休闲农业经营场所的路标

第6章 退耕还林工程区休闲农业发展

指示牌、停车场、游客接待中心、公共卫生厕所、垃圾污水无害化处理等辅助设施,推进农事景观观光道路、乡村民俗展览馆、乡村文化演艺场所等休闲农业基础设施,为休闲农业发展的"休闲度假、农事体验、生态观光、传统文化、科普教育、康养服务"等职能发挥奠定物质基础。各退耕区应根据休闲农业发展规划与公共服务规划,加快推进休闲农业发展的交通运输设施、新型乡村旅游设施、卫生设施、休闲农业安全设施、休闲农业场所能源通信设施、休闲农业信息化设施建设,建立健全休闲农业发展的公共信息服务体系、旅游休闲网络、旅游安全保障服务体系、休闲农业交通体系等公共服务体系,并强化休闲农业基础设施的功能复合性、设施景观性、服务多群体性与承载弹性。各退耕区应着力于推进休闲农业发展要素在农业土地利用、景观结构、文化特色等各方面的完美契合,加快推进覆盖各景观节点、服务节点、休闲度假节点的休闲农业交通网络体系建设,加快推进休闲农业发展营地、风景道、观景台、体验区等地区卫生设施建设,加快推进退耕区休闲农业基础数据平台与大数据旅游体系建设,加快推进具有游客集散功能、导游导览功能、自驾服务功能、自行车服务功能、跑步赛道服务功能、自主性探索旅游服务功能、体验旅游服务功能的休闲农业公共服务中心建设。各退耕区应不断创新休闲农业基础设施与公共服务设施的投融资模式优化,积极推进PPP投融资模式以破解休闲农业基础设施与公共服务设施建设的周期长、投入大、持续维护、回报收回难等难点,积极探索"土地整理、基础设施建设、公共设施建设、物业项目开发、特许经营服务、产业发展服务、其他综合服务"的休闲农业项目建设模式。各退耕区应不断完善退耕区休闲农业基础设施与公共服务设施,不断优化休闲农业交通服务体系、公共信息服务体系、惠民便民服务体系、产业安全保障体系、公共行政服务体系;同时支持各地区使用未利用地、废弃地、四荒地等开展休闲农业基础设施建设,不断盘活休闲农业农地资源,不断增强退耕区休闲农业可持续发展能力。

2. 着力于优化产业布局丰富产品业态

各退耕区应根据农村民俗风情与景观风貌、农业生产过程与种植行为、农民劳动生活与生产实践,遵循生产-生活-生态统一、农村一二三产业融合发展、休闲农业发展基本规律,因地制宜、循序渐进,科学推进退耕区休闲农业发展;应注意保持乡村风貌、保留乡土味道、保有田园乡愁,不断补齐休闲农业发展短板、不断彰显农村休闲农业发展优势,不断调整优化休闲农业产业结构、优化休闲农业产业布局,形成串点成线、连片成带、集群成圈的发展格局。各退耕区应充分挖掘农业文明,注重参与体验,突出文化特色,加大资源整合力度,形成集农业生产、农耕体验、文化娱乐、教育展示、水族观赏、休闲垂钓、产品加工销售于一体的休闲农业点(村、园),打造生产标准化、经营集约化、服务规范化、功能多样化的休闲农业产业带和产业群;积极推进"多规合一",注重休闲农业专项规划与当地经济社会发展规划、城乡规划、土地利用规划、异地扶贫搬迁规划等的有效衔接。各退耕区应充分依托退耕区林业资源、绿水青山、田园风光、乡土文化等资源,有规划地开发休闲农庄、乡村酒店、特色民宿、自驾车房车营地、户外运动等乡村休闲度假产品,大力发展休闲度假、旅游观光、养生养老、创意农业、农耕体验、乡村手工艺等,促进休闲农业的多样化、个性化发展;鼓励退耕农民发展农家乐,积极扶持农民发展休闲农业合作社,鼓励发展以休闲农业为核心的一二三产业融合发展聚集村;加强乡村生态环境和文化遗存保护,发展具有历史记忆、地域特点、民族风情的特色小镇,建设一村一品、一村一景、一村一韵的美丽村庄和宜游宜养的森林景区;同时,引导和支持社会资本开发农民参与度高、受益面广的休闲旅游项目,鼓励各地探索农业主题公园、农业嘉年华、教育农园、摄影基地、特色小镇、渔人码头、运动垂钓示范基地等,提高产业融合的综合效益。

3. 着力于弘扬优秀农耕文化与产业项目文化内涵建设

党的十九大报告提出"实施乡村振兴战略的发展路径是必须发展提升农耕文明,走乡村文化兴盛之路"。农耕文化我国长期农业生产积淀的宝贵财富,是中华民族优秀文化的重要组成部分,也是各地区休闲农业发展的灵魂。为增强休闲农业的发展活力、竞争优势与存续能力,各退耕区应积极梳理古代农学思想、精耕细作传统、农业技术文化、农业生产民俗、治水消化、物候与节气文化、农产品加工文化、饮食文化、酿酒文化、农业文化遗产,并推动农耕文化与休闲农业产业项目的有机契合,使消费者在休闲农业项目体验中感知到传统农耕文明的生产方式、思想理念、价值观念、道德意识与思维方式,使其在休闲农业产业项目体验中了解好、保护好、传承好、利用好、发展好农耕文化。各退耕区应以弘扬传承优秀农耕文化为着力点,充分挖掘休闲农业的生产功能、居住功能、生态功能、文化功能,形成农旅结合、文旅结合的休闲农业发展基本模式,加快形成自然环境、生物资源、农业生态与社会民众的相互依存、相互结合、相互制约、相互影响的生态-经济-社会复合系统。各退耕区应充分挖掘休闲农业的文化内涵,依托新一轮退耕还林工程等林业重点生态工程、绿色农业与生态农业的发展框架,不断培养增强休闲农业的地域特色与文化品位,通过"农耕文化节"等节庆活动不断加大农耕文化宣传展示力度,通过媒体、互联网等渠道不断创新农耕文化宣传途径,通过农耕文化专项研究不断延伸拓宽退耕区农耕文化内涵,进而有效增强退耕区休闲农业的文化内涵与文化品位,促进消费者形成"以农为本、以和为贵、以德为荣、以礼为重"的优秀品格,形成坚忍不拔、崇尚和谐、顺应自然、因地制宜、勇于创新的优良品质,切实增强退耕区休闲农业产业项目的文化高度与文化价值,切实提升退耕区休闲农业的竞争优势与可持续发展能力。

6.2.2 指导原则

1. 坚持政府引导,多方参与

为推动休闲农业健康快速发展,各退耕区坚持政府引导、企业自主、市场调节、广泛参与的原则,不断强化政府部门在休闲农业发展政策扶持、税费优惠、规范管理、服务支撑、体制机制改革、发展环境优化等方面的重要作用,为推进退耕区休闲农业发展奠定根本保障;不断培育企业在休闲农业发展中的主体作用,积极增强休闲农业龙头企业的辐射作用、引领作用、带动作用与示范作用,充分发挥市场配置资源的决定性作用,加快实现休闲农业的现代化、市场化、资本化与现代化发展;不断完善退耕区休闲农业发展的投融资机制、不断拓宽休闲农业投融资渠道,积极引导和支持社会资本开发农户参与度高、受益面广的休闲农业产业项目,切实提升休闲农业的退耕区社会经济发展贡献;积极引导家庭林场、林业大户、林业龙头企业、林业专业合作社等新型经营主体参与休闲农业发展。

2. 坚持特色发展,多元融合

各退耕区应基于资源禀赋、人文历史、交通区位、产业特色、市场现状,结合退耕还林工程实施规划与退耕还林成果巩固行动方案,因地制宜、突出特色、适度发展、科学规划休闲农业发展,不断优化退耕区休闲农业发展布局、不断完善休闲农业发展结构、不断提升休闲农业发展效能。各退耕区应推进休闲农业发展与农耕文化传承、创意农业发展、乡村旅游、传统村落传统民居保护、精准扶贫、林下经济开发、森林旅游、水利风景区和古水利工程旅游、美丽乡村建设的有机融合,形成集农业生产、农耕体验、文化娱乐、教育展示、水族观赏、休闲垂钓、产品加工销售于一体的休闲农业发展集群,充分挖掘与培育退耕区休闲农业发展的区域特色、文化内涵与综合价值,切实增强休闲农业的生产标准化、服务规范化、功能多元化、管理科学化与发展稳固化,使休闲农业成为退耕区重要的后续产业。

3. 坚持环境友好,持续发展

休闲农业是农旅结合、文旅结合的新型产业业态,是推动新时代农业供给侧结构性改革与农业高质量发展的重要探索,是调整农业产业结构、优化农业产业发展方式、增强农业发展效能的重要实践,是满足消费者休闲服务消费与美好生活需要、提高退耕农户收入水平的重要路径。退耕区休闲农业发展应遵循开发与保护并举、生产与生态并重的观念,统筹考虑资源和环境承载能力,促进退耕还林工程与休闲农业发展同向同行、共同发展,通过退耕还林工程的有效运行为休闲农业发展提供资源基础,通过休闲农业高质量发展为退耕农户退耕参与决策制定、退耕农户收入水平持续提升奠定经济基础,使退耕区走上生产发展、生活富裕、生态良好的休闲农业发展道路,推动退耕区休闲农业的健康、有序、稳固、可持续发展。

6.3 退耕区休闲农业发展的关键举措

6.3.1 持续增强休闲农业发展的政策扶持与规划指导

休闲农业的高质量发展需要市场的资源配置作用,更离不开政府部门的政策支持、规划引领、宏观调控与监督管理。各退耕区应基于农业供给侧结构性改革的整体框架与推动休闲农业高质量发展的整体部署,结合退耕还林工程实施进展与区域资源禀赋,充分发挥政府的顶层设计、宏观调控与市场规制作用,持续增强休闲农业发展的政策扶持与规划指导,不断提升休闲农业扶持政策的有效供给能力,切实提升休闲农业发展活力与发展效能。

1. 科学规划休闲农业发展布局

各退耕区应根据休闲农业发展指导意见与休闲农业发展总体规划,结合各地区资源禀赋、区位条件、地理特征、市场需求、乡风民俗、人文景观、历史遗迹等旅游资源状况,明确休闲农业的产业态势、发展目标、建设规模、项目类型、发展主题、细分市场与政策措施等,科学规划、合理定位、因地制宜,注重创意设计、充分挖掘文化内涵、着力于多功能衔接与特色互补,不断增强休闲农业产业项目的观赏性、体验性、娱乐性、教育性与独特性,以满足消费者个性化的休闲需求。各退耕区应充分激发退耕农户的休闲农业发展热情,加大林业大户、家庭林场、林业专业合作社、林业龙头企业等新型林业经营主体的休闲农业发展活力,加快推进退耕区休闲农业由退耕农户分散经营向集约化、规模化、市场化、专业化经营转变,加快推进退耕区休闲农业由单一的休闲旅游功能向休闲、体验、教育、娱乐、文化等多功能一体化经营转变。

各退耕区应确立"先规划后建设"休闲农业发展理念,积极创新休闲农业规划理念、积极明确休闲农业发展方向、积极构筑休闲农业发展特色、积极培育休闲农业多元功能、积极优化休闲农业产业布局,坚持在区位优势突出、交通条件健全、生态环境友好、发展特色鲜明、市场需求旺盛的地区进行休闲农业发展,彻底解决休闲农业产业项目同质同构、休闲农业发展规划简单重复的不利局面,为增强退耕区休闲农业发展优势创造积极条件。在退耕区休闲农业规划中,城镇周边退耕区应以满足城镇居民生态产品消费需求为目标,以退耕地林下经济或设施农业为基础,规划建设休闲观光、度假养生、科普教育、绿色农产品采摘、农事活动体验、优质农产品生产为一体的休闲农业产业带;各景区、自然保护区周边退耕区休闲农业发展应坚持功能衔接与特色互补,依托退耕区生态环境与自然资源,突出休闲农业的服务功能,强化休闲农业的体验功能、康养功能与娱乐功能,不断满足消费者的个性化休闲需求;少数民族聚居区周边退耕区应不断增强休闲农业文化内涵,挖掘退耕区特色民俗文化与民族风情,加快推进特色民族文化与休闲农业项目的有机契合,大力发展退耕区特色风情游与民俗村乡村游,不断提升休闲农业产业的文化品质与文化内涵;传统农耕区退耕区休闲农业发展应立足于稳定农业生产与保障重要农产品供给的根本前提,拓宽休闲农业多元功能、创新休闲农业产业项目、延伸休闲农业发展链条、挖掘休闲农业文化内涵,培育与增强退耕区休闲农业发展新动能。退耕区各级地方政府应制定休闲农业发展的长期发展规划,加大休闲农业发展的科学规划与引导,抓住休闲农业发展重点、突出休闲农业产业特色、发挥休闲农业多元功能、凸显休闲农业整体优势,加快推进退耕区休闲农业资源优化配置,避免产业资源的浪费。

2. 适度加大休闲农业发展的资金支持力度

退耕区休闲农业规模化发展与高质量运行依赖于大量的资金投入。退耕区休闲农业往往位于经济状况较为薄弱的农村地区,需要政府部门给予适当的资金支持或税费优惠,以破解休闲农业可持续发展的资金瓶颈问题。各地区应鼓励退耕农户以退耕地土地使用权、农业景观、人文景观、固定资产、资金、技术、劳动力等参股开展或合作发展休闲农业,以互助联保方式实现休闲农业小额融资,鼓励引导退耕农户有计划地扩大休闲农业发展规模、提升休闲农业发展质量;应鼓励和支持家庭林场、林业专业合作社、林业大户、林业龙头企业等新型经营主体,通过股份合作等方式,发展一批主题明确、特色突出、设施完善、规模适度、技术领先、管理科学、经营有序的休闲农业产业项目,并在税收上给予一定优惠,合理减轻退耕区休闲农业经营主体的税费压力,推进退耕区休闲农业的规模化、集约化、市场化与规范化发展。各退耕区应积极整合退耕区政策资源,推动现代农业示范区建设资金、设施农业、设施渔业、标准园建设和农村沼气项目资金、新农村建设资金、农业综合开发资金、各类农民就业培训资金、旅游发展资金、中小企业发展资金、"村村通"工程建设资金、扶贫开发资金等向休闲农业倾斜;建立行之有效的休闲农业财政专项补贴政策与休闲农业发展专项资金,对初创期休闲农业给予多样化资金补贴,促进退耕区休闲农业发展壮大;通过以奖代补等形式,对休闲农业人员培训、广告宣传、道路和环保设施等建设给予补助。同时,加大招商引资力度,鼓励引导民间资本、工商资本、旅游企业、龙头企业等,以参股、独资、合资、合作等方式投资开发休闲农业,支持休闲农业企业通过发行股票、企业债券和项目融资、资产重组、股权置换等方式筹集发展资金,加快培育出更有品质、更有竞争力、更有生命力的休闲农业。

3. 持续完善休闲农业扶持政策

为提升退耕区休闲农业发展活力、增强休闲农业发展整体效能,退耕区休闲农业主管部门应进一步细化休闲农业发展扶持政策、进一步提升休闲农业发展扶持政策执行效果,不断提升休闲农业扶持政策的精准性、指向性与实践性,实现休闲农业的产业业态多样化、产业集群化、主体多元化、设施现代化、服务规范化与发展生态化。各退耕区应加快推进农村产权制度与土地制度改革,建立完善的休闲农业用地政策,支持有条件的地区通过盘活农村闲置宅基地、集体建设用地、四荒地、林地、水域等资源资产有序发展休闲农业,鼓励退耕农户、集体经济组织等将退耕林地、集体经济建设用地等通过自办或入股等方式发展休闲农业,并争取将休闲农业建设用地纳入农村土地利用总体规划,增强退耕区休闲农业的用地保障能力。各退耕区应不断完善休闲农业发展的财政支持与金融扶持政策,积极整合各级财政资金支持休闲农业发展,探索以奖代补、先建后补、财政贴息、设立产业投资基金等财政支持方式,鼓励利用PPP模式、众筹模式、"互联网+"模式、发行私募债券等融资模式,引导各类社会资本发展休闲农业;支持搭建银企对接机制,鼓励担保机构加大对休闲农业的支持力度,帮助退耕农户、龙头企业等休闲农业经营主体解决融资难题,加大对休闲农业的信贷支持,撬动更多社会资本发展休闲农业,切实推动退耕区休闲农业规模化发展与高质量运行。各退耕区应建立健全休闲农业公共服务政策体系,建立健全休闲农业发展的环境保护、食品安全、消防安全等标准,加快构建休闲农业网络营销、网络预订、网上支付等公共平台,加快推进休闲农业从业人员的从业技能、职业素养的长效培训机制,不断提升休闲农业服务质量。各退耕区应不断完善休闲农业品牌培育扶持政策,以创建全国休闲农业和乡村旅游示范县(市、区)为着力点,重点培育开发区域休闲农业品牌、加快推进休闲农业品牌整合,积极探索休闲农业特色村镇、星级户、农业嘉年华等休闲农业品牌创建,不断提升退耕区休闲农业发展的知名度与美誉度。

4. 持续完善休闲农业基础设施

休闲农业可持续发展依赖于完善的基础设施与健康的配套系统,日趋完善的农村道路、水、电、通信等基础设施为退耕区休闲农业发展提供了积极保障与有力支持。各退耕区应加快完善退耕地水利基础设施,积极推广应用喷灌、滴灌、微灌等现代化节水灌溉技术,不断提升退耕区生产经营的现代化、生态化、集约化水平;应通过退耕区土地硬化、道路拓宽、停车场修建、自驾车营地建设、指示牌设置、交通路线规划、公共交通服务等,加快完善休闲农业发展场地的交通基础设施,不断增强消费者到达休闲农业旅游目的地的便捷性,不断提升消费者的休闲农业旅游体验。各退耕区应充分考虑消费者的现代生活习惯,搭建休闲农业区网络通信设施,满足消费者在休闲农业区的通信需求与无线网络使用需要;应确保休闲农业民宿饮水、洗浴、卫生间等设施的安全卫生供应,为消费者提供绿色轻松、安全卫生、舒适整洁的旅游环境;应完善休闲农业区的娱乐、体验、游戏设施,应需配备健身房、游泳池、戏水区、游戏设施、露营区、教育农园、森林游乐区、体能锻炼区、自然教育馆、亲子互动体验馆、生态餐厅等基础设施,为消费者提供综合性休闲场所和休闲服务。退耕区休闲农业基础设施建设应综合植物造景、游人活动、景观布局、娱乐设施、自然风貌等进行合理规划,不应影响退耕区林业生产经营与区域功能需求,促进退耕区农业、旅游业、民俗文化的相互融合,使基础设施成为休闲农业发展市场定位、主题培育、品牌营销、休闲娱乐与消费体验的直接依托,成为退耕区休闲农业健康、有序、稳固、可持续、高质量发展的根本保障。

6.3.2 加快推进退耕区休闲农业的产业化发展

1. 促进退耕区休闲农业的联合协作发展

随着休闲农业发展促进政策的持续推进、休闲农业发展资金补助与金融支持力度的不断增强、退耕还林工程巩固计划的有序实施,退耕区休闲农业产业业态不断丰富、退耕农户参与休闲农业的发展活力不断提升、退耕区休闲农业发展规模不断提高。但从当前来看,退耕区休闲农业仍以小规模退耕农户为主要经营主体,休闲农业仍以低水平的"农家乐""林家乐""牧家乐"或"渔家乐"为主要形态,休闲农业发展的整体产业化、市场化、资本化水平不足,在一定程度上抑制了退耕区休闲农业的可持续发展能力,在一定程度上弱化了休闲农业的退耕还林工程巩固效用。各退耕区应积极整合退耕农户自发开发的小规模休闲农业项目,深入推进"龙头企业+林业专业合作社+农户"等休闲农业产业化经营模式,加快培育有活力、有实力、有能力的休闲农业龙头企业,充分发挥休闲农业龙头企业的引领与示范作用;全面强化龙头企业的休闲农业产业链主导地位,围绕龙头企业不断延伸、拓展、调整休闲农业纵向一体化产业链条,有效联结休闲农业畜禽种苗生产、农产品加工、休闲农业园区建设与服务、农产品流通与销售等休闲农业各产业节点,加快休闲农业产业环境与农业龙头企业资源的联动优化,形成信息共享、利益共享、风险共担的休闲农业产业链条。各退耕区应加快推进休闲农业龙头企业与家庭林场、林业大户、林业专业合作社、农林产品加工企业的合作经营或联合经营,充分利用休闲农业的技术、资金、人才、设施优势与品牌优势,形成多主体共同参与、共同受益的退耕区休闲农业发展布局。

2. 打造退耕区休闲农业特色品牌

各退耕区应加快培育一批具有地方特色和影响力的农产品品牌、经济林产品品牌、农家菜品牌、农事活动节庆品牌、农业企业品牌、人文景观与自然景观品牌等休闲农业品牌，不断提升退耕区休闲农业的品牌价值与市场竞争优势。各退耕区应积极培育林下中草药品牌、绿色畜禽产品品牌、林下果蔬品牌、特色林果品牌等休闲农产品品牌，通过林下农林产品绿色化、标准化与产业化发展，特色农林产品种植、采摘、初加工等农事活动体验，使农耕文化融入退耕区休闲农业的各个项目、各个环节，不断夯实退耕区休闲农业的发展基础，不断提升退耕区休闲农业的吸引力与发展力。

各退耕区应依托林业资源、林下资源、农村自然景观与人文景观，充分挖掘和创新休闲农业观赏要素，形成观赏果树、盆栽、花卉、山石、河溪等丰富多彩的品种多样化的休闲农业观赏性状，形成绿门、绿廊、花亭、果厅、果廊、亭台、动物模拟形状、几何体等特型花木、多色多果苗木等景观性状，使消费者能够充分感受自然之美，有效满足消费者"赏"的需要与"美"的体验。各退耕区应提升休闲农业项目的参与性、趣味性与娱乐性，将采摘作为休闲农业发展的必备项目，加快培育特色显著的休闲农业采摘品牌，积极开发草莓、果蔬、药材、禽蛋、蜂蜜、花卉等采摘项目，并针对儿童、情侣、中老年人等不同人群打造不同的采摘环境、采摘项目，使采摘成为休闲农业吸引消费者的重要抓手，成为提升休闲农业盈利水平的重要方式。各退耕区应充分发掘地方特色、民族特色饮食文化，积极开发特色菜品，打造绿色有机蔬菜、农家菜、野菜、散养畜禽、乡村酱腌菜、食用菌、药膳等农家菜品牌，不断融入并丰富红色文化、草原文化、林区文化、生态文化、民族文化、历史文化等农家菜文化内涵，不断创新农家菜的食材、调料、做法、容器、饮食环境等，有效满足消费者对健康乡村饮食的体验。各退耕区应积极加快休闲农业农耕文明传承载体建设，通过亲子小菜园、农耕劳动体验、农耕博物馆、民俗展览体验馆等多元形式，使消费者在休闲农业体验中传承、弘扬、创新农耕文化，推动休闲农业旅游体验与传统农耕文化的有机契合，不断提升休闲农业发展的文化内涵与科普教育功能。同时，各退耕区应积极开展休闲农业星级企业

第6章 退耕还林工程区休闲农业发展

和星级农家乐创新活动,建设一批规模较大、特色突出、形象良好、发展潜力大的休闲农业企业,形成国家级、省级、市(县)级休闲农业示范体系,形成一大批辐射作用强、引领效用大、带动能力强的休闲农业企业品牌,不断增强退耕区休闲农业发展活力与发展质量。

3. 建立健全休闲农业信息服务平台

为推进退耕区休闲农业标准化、规范化、高效化发展,各退耕区应以农业信息网络资源为依托,建立健全休闲农业信息化服务平台,设计退耕区休闲农业信息服务网站、休闲农业龙头企业信息服务网站等,提供休闲农业政策法规、国内外休闲农业发展状况、休闲农业企业(园区)介绍、特色农家餐饮推荐、精品休闲线路推介、民俗民居及农耕文化展示、农特旅游商品展示、信息查询和电子商务等功能,为旅游、营销、投资、管理提供及时便捷服务。各退耕区应充分发挥电视、报纸、杂志等传统媒体的信息服务功能,通过开辟休闲农业发展专栏、投放休闲农业宣传广告、解释休闲农业发展重大决策部署与优惠促进政策、展示休闲农业发展经验与先进典型,为退耕区休闲农业发展营造良性发展环境与发展氛围;应充分利用新媒体受众广、传播快、交互强的显著优势,通过微信、网络、手机App等新媒体平台,及时向消费者发布农事节庆、节会、博览会、创意大赛等休闲农业热点信息,向消费者提供休闲产品、景区门票、特色餐饮、客栈民宿、休闲服务、位置导航等信息搜索、实时预订、电子支付等服务,不断提升退耕区休闲农业发展的影响力、传播力与引导能力,引导消费者健康消费;应建立休闲农业发展的重要地域宣传机制,充分利用车站、高速沿线、铁路沿线等重要地域的电子屏、宣传栏等宣传阵地,展现休闲农业与乡村旅游信息,不断提升宣传效果。

4. 积极开展休闲农业旅游商品

各退耕区应鼓励和引导休闲农业经营主体充分利用本地的优势特色农产品和野生资源进行农产品精细化加工和深加工,突出"乡土风味、地方特色、天然绿色、健康养生"的产品特点,开发五谷杂粮、特色蔬菜、绿色果茶、水产畜禽、鞋帽编织等土特产品;休闲食品和美容保健品要打造具有绿色生态、营养健康、易于存储与携带的深加工农副产品;纪念型商品要充分利用竹木藤草石土布等本土材料,依靠传承和发展民间工艺、手艺、绝活儿等,利用创意思维和现代工艺技术进行加工制作;要注重包装设计和生产,富有"土"味、"农"味和科技含量、创意特色,并与产品有机结合,让农特产品变成精深加工品,让一般商品变成旅游商品,大幅提高农产品附加值。同时,休闲农业企业或园区要建设购物商店或购物区,销售自己生产和加工的旅游商品,以及周边农户的产品;要与乡村集市、景区商店、超市等合作销售;通过与商品批发商、旅行社合作扩宽渠道,增加市场占有率;还可以在城市商业区、旅游景区附近开设特色休闲农业旅游商品专卖店,积极开发会展销售渠道;推动休闲农业经营收入从目前主要依靠农家餐饮和门票,转变到依靠农家餐饮、门票和农特产品销售并重上来,让休闲农业淡季不淡,实现可持续发展。

6.3.3　有序开展退耕区休闲农业经营模式创新

1. 休闲农业合作经营模式

为增强休闲农业经营效能,各退耕区应培育发展休闲农业服务中心、休闲农业行业协会、休闲农业集体经济组织、休闲农业合作联社等合作经营模式。各退耕区应推动建立乡镇、乡村休闲农业服务中心(站),乡镇休闲农业服务中心工作经费由乡镇财政专项经费拨付、乡村休闲农业服务中心经费由集体经费积累、休闲农业客源提留、集体资产经营收益提留等构成。休闲农业服务中心将退耕区分散的休闲农业经营农户捆绑起来,实行以服务中心带动的休闲农业"四统一"管理模式,即统一接待、统一标准、统一价格、统一促销;休闲农业服务中心承担"农家乐"服务资格认定、农家乐服务质量监督、农家乐资质年检等职能,并接受休闲农业行业主管部门的监督与考核。各退耕区应引导成立休闲农业行业协会,主要开展休闲农业从业人员技术培训、休闲农业发展宣传、休闲农业经营主体星级评定、休闲农业典型经验交流等业务,代表会员共同利益、维护会员合法权益,为政府单位、经营主体、市场架起沟通桥梁;遵守国家有关发展休闲农业方面的法律法规和方针政策,研究休闲农业发展中的各种问题,提升区域休闲农业发展和管理水平,促进退耕区休闲农业可持续发展。各退耕区应引导集体经济组织设立发展旅游服务公司,"农家乐"等休闲农业经营农户挂靠在旅游服务公司下以家庭为单位开展经营活动,旅游服务公司通过企业规章制度约束规范挂靠农户的经营行为,对休闲农业旅游资源和游客信息采用集中管理、统一分配的办法,对休闲农业经营实行"统一接待、统一登记、统一分配、统一结算",不断提升退耕区休闲农业的标准化与规范化发展水平。各退耕区应引导农户成立休闲农业专业合作社、休闲农业发展联合社等合作经济组织,由合作社开展信息供给、技术服务、特色农业栽培、农耕体验、农家菜运营、乡村旅游、特色农产品销售等服务,并通过"一致规划布局、一致形象标识、一致宣传营销、一致招待服务、一致管理训练",通过制度化、条例化进行生产、销售、管理与服务,不断提升休闲农业合作经营水平、不断提升社员收入水平。

2. 加快推进休闲农业"政府+龙头企业+农户"发展模式

特色化、规范化、规模化与品牌化是休闲农业产业化发展的重要方向,"政府+龙头企业+农户"模式是退耕区休闲农业产业化发展的重要探索。"政府+龙头企业+农户"模式是充分发挥政府、企业、农户等各利益主体协同优势,通过合理分享产业收益、积极创新利益联结方式,把政府、市场、分散农户连接起来,形成产供销一体化的休闲农业利益综合体,为休闲农业可持续发展奠定组织基础、提供发展保障。在该模式中,政府主体是休闲农业发展的主管单位,负责休闲农业发展规划、基础设施建设和产业发展环境优化等,是调控休闲农业发展方向、规范休闲农业发展行为、优化休闲农业发展基础的重要主体。龙头企业是退耕区休闲农业发展的关键主体,负责休闲农业的直接经营管理与商业化运作,具体为负责组织地方节庆活动、地方戏曲表演、产品制造与销售、住宿餐饮服务、设施维护与修缮、导游讲解、市场拓展、客源组织等各项具体经营管理活动。该模式有助于充分发挥龙头企业在资金、技术、管理、信息、营销、品牌运营等方面的优势,增强龙头企业在推进休闲农业产业链整合、提升休闲农业价值链方面的强大动力,将休闲农业产业发展产前、生产、加工、销售等环节整合成连贯一致的整体,不断延伸休闲农业产业链、不断提升休闲农业价值链、不断翻放休闲农业发展的协同效应。

3. 积极探索休闲农业股份制合作经营模式

为合理开发退耕区旅游资源,保护休闲农业经营区生态环境,建立根据资源产权将休闲农业资源界定为国家产权、集体产权、村民小组产权、农民个人产权等;在休闲农业发展时,可推动国家、集体、农民资源的多维合作,把旅游资源、技术、劳动等转化为股本,收益按股分红与按劳分工相结合,进行股份合作制经营。通过土地、技术、劳动等形式参与休闲农业发展;企业通过公积金的积累完成扩大再生产和乡村生态保护与恢复,以及相应休闲农业旅游设施的建设与维护;通过公益金的形式投入乡村的休闲农业导游培训、旅行社经营、旅游管理等公益事业,以及维护社区居民参与机制的运行等。同时,通过股金分红支付股东股利,推动国家、集体和个人资源变资产,资金变股金,实现休闲农业社区参与的深层次转变,引导农户自觉参与退耕区休闲农业发展与生态资源保护,不断提升休闲农业可持续发展能力等。

6.3.4 加快推进退耕区休闲农业人才队伍建设

1. 加大休闲农业从业人员技术培训

休闲农业从业人员的工作技能、职业素养、管理理念、发展思维、市场逻辑等整体素质直接决定了休闲农业的发展水平与存续能力,直接决定了休闲农业的社会经济贡献与农户收入水平,直接决定了休闲农业对巩固退耕还林工程成果的重要效用。各退耕区应制定休闲农业人才队伍发展专项规划,加强休闲农业规划设计人才、经营管理人才、接待服务人才的技术培训,不断提升休闲农业从业人员的整体素质。各退耕区应依托具备休闲农业教研力量的高校与科研院所承担休闲农业项目研究、休闲农业发展规划、休闲农业景观设计、农业多功能拓展、农事体验创意设计等方面的人才培训与技术咨询,不断增强休闲农业规划设计人员的整体素质,推动休闲农业与生态、教育、经济、科技、文化等多元素融合,有效提升退耕区休闲农业发展规

第6章 退耕还林工程区休闲农业发展

划的创新性、实用性、科学性与操作性。各退耕区应组织开展休闲农业创办人员、经营人员、乡村干部、合作社负责人、企业管理人员的技术培训，不断丰富休闲农业经营管理人员的从业经验与实践技术；可利用高校专业师资力量与专业课程，培训一批休闲农业经营管理、营销服务、品牌发展等专业人才，全面提升休闲农业经营管理人才的理论水平、管理能力、经营技能，使其具备组织管理、创业经营、市场谈判、服务营销、风险防范、文化建设等方面培训，不断增强休闲农业经营管理人才的职业化、综合化与专业化。

各退耕区应加大与行业协会、旅游企业的长效沟通，积极举办休闲农业接待服务人才培训班，坚持理论与实践相结合、课堂讲授与现场实训相结合、线上培训与线下培训相结合，通过专家授课、案例讨论、商务模拟、企业家沙龙、实践交流等多种形式，不断创新和丰富休闲农业从业人才培训方式方法；同时，充分利用互联网等现代信息技术手段，为休闲农业从业人才提升灵活便捷、智能高效的在线培训和移动互联服务质量。各退耕区应建立休闲农业从业人员培训的资源共享机制，坚持立足产业、政府主导、多方参与、注重实效的原则，应用政府购买服务、专项资金支持、市场化运作的主要方式，广泛整合各类培训资源，充分发挥和调动科研院所、龙头企业、行业协会的积极性与主动性，逐步形成政府主导、企业主体、科研院所与行业协会广泛参与的休闲农业人才培养机制。

2. 加大退耕农户的休闲农业从业能力培训

农户是休闲农业发展的重要主体，农民休闲农业从业技能直接决定了休闲农业发展质量。各退耕区应支持开展多层次、多渠道、多形式的休闲农业从业技能培训，为退耕区休闲农业发展提供强有力的智力支持与人才保障。从当前来看，退耕农户往往受教育程度较弱，缺乏积极的职业技能、从业经验、市场逻辑、经营理念与发展思维，休闲农业发展层级较低且多以农家乐为主，难以推动退耕区休闲农业高质量发展与休闲农业提质增效。各退耕区应不断丰富技能培训活动，通过"走出去"与"请进来"相结合，有针对性地组织退耕农户到周边地区、休闲农业示范区（点）进行观摩学习，选派退耕农户到职业院校进行休闲农业管理系统学习与培训，不断提升退耕农户发展休闲农业的从业技能、不断重构退耕农户发展休闲农业的管理理念、不断拓宽退耕农户的发展思路;有针对性地邀请旅游业、服务业、农林产业、营销专家等对农户进行农村旅游、营销管理、客户服务、产业发展、景观规划等专题培训,并对休闲农业经营农户进行现场指导、现场授课;在培训中根据农户兴趣特点、知识盲点、关注热点等,科学设计培训内容、科学选用培训教材,采用农户一听就懂、一看就会、一用就灵的乡土教材,让农户听得懂、学得会、用得上,切实提升从业能力培训的针对性与实用性。各退耕区应切实加强培训管理,不断完善休闲农业技术培训的教学管理与档案管理,不断加强培训师资队伍建设,形成一支懂农业、爱农村、爱农民、教学能力突出、实践经验丰富的休闲农业培训师资队伍,形成一套符合农户真实需要的教育计划与教学内容,为退耕农户从事休闲农业发展提供良性支撑。

6.4 本章小结

休闲农业是发展现代农业、增加农民收入、巩固退耕还林工程成果的重要举措,是退耕区发展新经济、拓展新领域、培育新动能的必然选择。本章论述了退耕区休闲农业发展的优势、劣势、机会与威胁,理清了退耕区休闲农业发展的整体态势,提出了退耕区休闲农业的发展思路与指导原则,并阐释了退耕区休闲农业发展的关键举措,即通过持续增强休闲农业发展的政策扶持与规划指导、加快推进退耕区休闲农业的产业化发展、有序开展退耕区休闲农业经营模式创新、加快推进退耕区休闲农业人才队伍建设等,不断增长休闲农业发展活力、不断增强休闲农业发展质量、不断提升休闲农业经营收益,使休闲农业成为巩固退耕还林工程成果的重要探索,成为提升退耕农户收入水平与生活质量的重要实践。

第 7 章 结 论

　　退耕还林工程是党中央国务院从中华民族生存和发展的战略高度,着眼于经济社会可持续发展全局做出的重大决定,是公共生态产品私人供给的积极探索与有效实践,是优化生态文明建设布局、构建区域生态安全屏障、释放林业精准扶贫潜能、加快调整农村产业结构的有效途径;是缓解大范围水土流失、风沙侵蚀等自然灾害的必然选择,是全面建成小康社会、推动集中连片地区农户脱贫致富的客观要求,是增加森林资源有效供给能力、促进生态林业与民生林业健康发展、应对全球气候变化的重要举措。退耕还林工程区的后续产业发展优惠扶持政策、后续产业发展的条件支撑、后续产业发展与退耕还林工程衔接、后续产业发展的可持续性与适宜性等一系列问题,将成为农户参与退耕的重要思考逻辑,成为增强农户参与退耕还林工程信心、增进农户参与退耕还林工程意愿的重要因素。同时,后续产业发展又有助于引导和协助退耕农户有效提升其自我发展能力,帮助退耕农户尽快找到稳定多元化的收入途径。后续产业的可持续发展成为退耕还林工程有效持续运行的重要保障与根本前提,成为推动退耕区社会经济发展的重要路径,成为加快调整农村产业结构、巩固退耕还林工程成果的重要选择。本研究重点开展生态脆弱区退耕还林工程后续产业发展研究,并取得以下主要结论:

　　第一,农户是新一轮退耕还林工程运行的微观主体,农户更倾向于呈现显著的风险规避偏好,其风险感知水平将直接影响退耕响应意愿并折射为后续的退耕参与决策,进而影响退耕还林工程的有效运行与有序发展。大力发展果品精深加工、特色民族手工业等劳动力密集型产业项目,最大限度挖掘退耕区就业岗位,促进退耕农户转移就业;持续培育劳务输出中介组织或经纪人,大力开展劳动技能和就业培育,有效提升退耕农户的非农就业能力,降低因可持续生计而引发的农户高风险感知。

第二,退耕还林工程区生态治理与经济发展的同步运行、生态保护与脱贫致富的有机结合、生态建设与产业建设的相互促进是新时期社会－经济－生态系统可持续发展的关键选择,也是实现退耕还林工程持续有效运行的根本保证。各退耕区应充分依托区位特色与资源优势,因地制宜特色林果业、林下经济产业、乡村特色旅游与休闲农业等绿色产业项目,持续优化农村产业结构、不断拓宽农户就业渠道,实现退耕区社会经济可持续发展。

第三,小规模林业合作经营是增强退耕还林工程实施效果、推动退耕还林工程持续运行、有效巩固退耕还林工程成果、有效提升农户收入水平与生活质量的重要保障。为加快退耕区小规模林业合作经营,提升小规模林业合作经营绩效,推动退耕还林工程的有效实施与持续运行,应尊重退耕农户合作意愿,引导培育家庭合作林场、股份合作林场、林业专业合作社等小规模林业合作组织,应优化退耕还林工程的补偿机制、约束机制、监管机制与扶持机制,规范退耕区特色林果业与生态林业的发展秩序。

第四,基于赫希曼产业关联理论、罗斯托经济增长理论、熊彼特经济创新理论等退耕区后续产业培育的基础理论,提出了退耕区后续产业培育应坚持的"突出特色、因地制宜,统筹兼顾、生态优先,市场主导、政府扶持"等基本原则;明确了退耕区后续产业培育在单一产业层面、产业体系层面与区域发展层面的基本思路,为生态脆弱区退耕还林工程后续产业培育提供理论支持。

第五,特色林果业是退耕区最具有发展基础与培育优势的后续产业,是统筹农民增收与生态环境修复双重目标的重要途径。退耕区特色林果业发展具有自然资源优势、产业基础优势、政策导向优势、地理区位优势,林果产品有效供给不足、林果产业生产方式粗放、林果产品加工深度不足、林果生产基础要素落后等发展劣势,有序实施新一轮退耕还林工程、深入推进集体林权制度改革、加快培育新型林业经营体系、有序推进农业供给侧结构性改革等发展机会,存在国外优质果品的市场冲击、国内特色林果产品的同质化

第7章 结 论

竞争、农产品基础设施尚不完善、农产品品牌保护力度尚需增强等生存威胁。退耕区特色林果业发展应坚持市场导向、坚持因地制宜、坚持适度规模经营、坚持产业化发展、坚持同步发展的基本原则,加强统筹规划,引导特色林果业有序发展,加快技术创新,推进特色林果业提质增效,优化市场配置,推进特色林果产业集群,培育特色品牌,增强特色林果发展质量。退耕区应加快推进退耕区林果标准化生产示范基地建设、全面提升退耕区特色林果业精深加工能力、有序增强退耕区特色林果业技术创新与技术推广、建立健全退耕区特色林果营销服务体系、持续完善退耕区特色林果全过程质量管理等,以有效提升退耕区特色林果业发展质量、全面实现退耕区特色林果业提质增效,全面强化特色林果业在巩固退耕还林工程成果中的突出效用,进而推动新一轮退耕还林工程的有效持续运行。

第六,林下经济是巩固退耕还林工程成果、延伸退耕农户收入渠道、提升退耕农户收入水平的重要实践,是退耕还林工程区最有效的后续产业发展业态。退耕区林下经济发展具有林地资源优势、人力资源优势、实践经验优势与产业基础优势,经营管理略显粗放、技术支撑略显不足、规模优势尚未形成、发展资金相对短缺等发展劣势,政策支持力度不断增强、现代林业体系建设不断深入、绿色消费动能不断增强、新型林业经营主体培育力度不断增强等发展机会,法律法规不尽健全、科技服务略显滞后、行业竞争较为激烈、市场组织化程度偏低等生存威胁。退耕区林下经济发展应坚持生态优先、协调发展,坚持因地制宜、凸显特色,坚持突出重点、有序推进,坚持政府引导、市场运作的基本原则,着力于建立健全林下经济市场流通体系、着力于加快林下经济新型经营主体培育、着力于完善林下经济产品质量安全体系、着力于优化林下经济社会化服务体系。退耕区林下经济发展应持续优化退耕区林下经济发展布局、持续加大林下经济发展的资金支持力度、加快推进林下经济新型经济主体培育、加快推进退耕区生态旅游业发展等不断增强退耕区林下经济发展效能,以有效提升退耕农户收入水平、维持农户退耕参与行为、巩固退耕还林工程成果。

第七,休闲农业是发展现代农业、增加农民收入、巩固退耕还林工程成果的重要举措,是退耕区发展新经济、拓展新领域、培育新动能的必然选择。退耕区林下经济发展具有产业资源优势、基础设施优势、人力资本优势,政府扶持力度不足、产业发展较为粗放、营销策略稍显滞后等发展劣势,农业供给侧结构性改革持续推进、乡村振兴战略有序实施、休闲农业市场需求不断旺盛等发展机会,周边地区同业竞争较为激烈、休闲农业的人才约束较为突出、休闲农业发展对生态环境扰动较大等生存威胁。退耕区休闲农业发展应坚持政府引导、多方参与,坚持特色发展、多元融合,坚持环境友好、持续发展等基本原则,着力于完善休闲农业基础设施与公共服务设施、着力于优化产业布局丰富产品业态、着力于弘扬优秀农耕文化与产业项目文化内涵建设。退耕区休闲农业发展应持续增强休闲农业发展的政策扶持与规划指导、加快推进退耕区休闲农业的产业化发展、有序开展退耕区休闲农业经营模式创新、加快推进退耕区休闲农业人才队伍建设等,不断增长休闲农业发展活力、不断增强休闲农业发展质量、不断提升休闲农业经营收益,使休闲农业成为巩固退耕还林工程成果的重要探索,成为提升退耕农户收入水平与生活质量的重要实践。

　　退耕区后续产业发展是一个涉及政府单位、企业、金融机构、社会团体、新型经营主体、农户的多主体问题,是一个涉及种植、养殖、加工、旅游、服务管理等第一二三产业的多产业问题,是一个涉及产业发展宏观、中观、微观视域的多层次问题。本研究对退耕区后续产业发展的分析,是基于后续产业发展与退耕还林工程有效持续实施的双向互动作用机制,针对特色林果业、林下经济、休闲农业三大关键后续产业,有针对性地分析了特色林果业、林下经济、休闲农业的发展环境、发展思路、指导原则与发展关键举措。但由于本人精力与能力有限,本研究对特色林果业、林下经济、休闲农业等后续产业发展的分析,更倾向于宏观的产业发展规划,在后续研究中将针对各后续产业进行更为深入的分析与探讨,以不断增强退耕区后续产业发展活力、不断提升退耕区后续产业发展效能,为实现新一轮退耕还林工程的健康、有序、稳固、可持续、高质量发展提供关键支撑,为拓宽退耕农户生计路径、提升退耕农户可持续生计能力、提高退耕农户家庭收入提供重要保障。

附 录

附表 A1　第一轮退耕还林工程建设面积

单位：公顷

	\multicolumn{10}{c	}{年份}
	2003	2004	2005	2006	2007	2008	2009	2010	2011	2012
全国合计	6 196 128	3 217 542	1 898 360	976 991	1 056 020	1 190 347	886 666	982 617	730 177	655 271
河北省	210 690	174 877	103 341	36 484	38 842	55 513	23 358	24 132	12 380	15 038
山西省	280 383	133 333	47 339	45 998	80 234	60 428	35 667	64 335	45 291	49 168
内蒙古	340 219	283 405	104 939	36 258	34 879	101 369	48 555	51 997	39 696	39 972
辽宁省	174 744	118 810	100 453	48 630	46 459	58 159	23 485	36 180	30 664	24 663
吉林省	129 486	37 259	17 583	20 754	8 150	10 044	3 913	34 685	11 269	7 266
黑龙江省	236 791	115 809	65 737	—	59 805	87 200	58 475	43 752	27 091	37 041
安徽省	161 724	29 462	17 026	—	16 557	18 620	32 540	22 659	15 335	21 233
江西省	213 332	46 666	33 332	43 334	53 333	46 833	34 517	36 651	22 660	18 772
河南省	253 337	186 674	100 233	46 668	—	53 155	53 333	44 333	48 261	24 845
湖北省	280 456	120 435	123 044	46 667	46 667	53 467	26 212	30 160	42 672	32 850
湖南省	392 472	322 356	125 166	124 502	46 352	47 025	53 333	35 340	35 487	23 987

附表 A1（续）

	年份									
	2003	2004	2005	2006	2007	2008	2009	2010	2011	2012
广西	249 085	134 467	82 261	46 771	54 036	49 704	33 892	23 406	18 246	17 532
海南省	69 199	26 668	16 651	12 330	5 993	11 321	3 427	3 370	2 465	1 400
重庆市	331 886	107 168	100 668	20 003	60 000	20 000	36 671	30 312	26 269	23 002
四川省	478 891	101 150	113 589	53 370	36 961	61 934	36 489	71 595	26 897	16 334
贵州省	346 649	143 658	113 343	54 671	60 002	45 936	33 274	36 663	18 667	15 333
云南省	336 565	111 190	85 417	9 027	43 843	71 778	118 648	152 749	137 060	125 036
西藏	13 333	667	4 471	10 000	10 000	10 000	10 821	8 741	8 666	8 057
陕西省	562 405	421 506	62 454	78 377	90 050	74 131	39 328	60 737	59 356	47 764
甘肃省	526 106	316 138	207 640	66 250	75 337	60 069	42 797	44 027	22 164	20 937
青海省	88 160	43 707	38 177	37 165	21 923	15 509	28 102	20 855	22 516	16 200
宁夏	270 759	144 895	82 380	37 165	24 690	35 844	33 042	20 238	5 999	8 333
新疆	249 456	97 242	73 116	39 732	41 907	62 308	50 120	39 033	33 066	47 175

附表 A2 第一轮退耕还林工程荒山荒地造林面积

单位：公顷

	年份										
	2002	2003	2004	2005	2006	2007	2008	2009	2010	2011	2012
全国合计	2 626 578	3 422 774	—	1 331 721	758 499	977 335	861 461	564 734	660 923	516 655	461 090

附表 A2(续1)

	年份										
	2002	2003	2004	2005	2006	2007	2008	2009	2010	2011	2012
河北省	141 868	242 047	—	107 723	30 118	33 276	28 782	10 025	11 467	7 315	17 959
山西省	250 368	188 619	—	42 412	39 329	80 234	40 433	18 996	48 335	36 621	47 154
内蒙古	398 700	355 580	—	121 562	30 429	32 054	64 038	17 220	31 327	24 361	30 305
辽宁省	70 384	80 126	—	77 120	38 629	46 459	31 495	10 153	15 516	11 998	9 997
吉林省	66 729	13 711	—	4 772	6 316	1 027	8 009	2 777	7 645	9 543	6 933
黑龙江	71 532	95 284	22 761	38 459	—	43 067	46 998	37 611	20 819	12 424	6 707
安徽省	133 334	88 049	—	3 693	—	16 557	19 134	19 211	17 820	10 229	14 328
江西省	73 333	106 670	—	26 669	36 668	53 333	23 706	18 242	19 388	11 999	10 107
河南省	86 664	146 663	—	69 101	46 668	—	53 155	29 998	27 667	30 262	24 845
湖北省	126 028	141 868	—	84 381	40 000	46 667	53 467	26 212	26 828	36 009	26 252
湖南省	30 739	196 996	—	101 411	59 919	39 702	47 008	29 998	18 670	17 486	11 995
广西	65 857	138 385	—	64 671	44 553	44 273	46 392	23 747	20 072	15 245	14 532
海南省	5 588	34 646	—	16 651	12 330	5 993	11 321	3 427	3 370	2 465	1 400
重庆市	70 500	166 137	—	46 667	—	60 000	—	23 337	16 979	15 602	10 335
四川省	213 389	238 764	—	40 529	41 093	36 961	31 932	16 494	55 062	16 900	9 670
贵州省	153 563	173 484	—	66 669	43 339	53 370	20 003	13 336	13 335	11 998	10 000
云南省	92 067	173 704	—	54 246	7 853	34 273	61 969	115 991	145 345	129 057	117 433

附表 A2(续2)

	年份										
	2002	2003	2004	2005	2006	2007	2008	2009	2010	2011	2012
西藏	—	13 333	—	2 267	6 667	10 000	10 000	6 484	5 139	4 333	3 092
陕西省	263 054	282 764	—	61 908	63 695	90 050	47 469	26 330	42 543	48 689	32 829
甘肃省	133 758	264 709	—	85 711	53 387	74 888	33 402	23 206	23 028	13 365	10 071
青海省	33 208	27 588	—	29 430	—	18 813	15 509	8 105	7 521	8 516	5 533
宁夏	66 667	131 872	—	67 700	27 785	24 690	35 844	26 375	17 572	5 999	7 667
新疆	72 212	115 277	—	37 769	29 721	31 648	51 909	30 792	28 635	23 135	18 708

附表 A3　第一轮退耕还林工程年末实有封山育林面积

单位:公顷

	年份							
	2004	2005	2006	2007	2008	2009	2010	2011
全国合计	878 026	1 719 011	1 541 733	1 227 760	1 688 487	1 873 117	2 867	2 000 857
河北省	91 752	149 859	126 741	134 640	184 204	196 726	—	165 028
山西省	—	50 264	50 264	50 264	70 259	86 928	—	98 280
内蒙古	108 748	194 223	101 146	136 309	183 898	206 094	2 867	178 924
辽宁省	—	64 668	66 667	124 805	93 333	91 403	—	95 867
吉林省	—	—	66 665	35 665	12 334	25 882	—	79 873
黑龙江省	81 891	86 665	86 665	86 665	135 171	155 836	—	196 174

附表A3（续）

	2004	2005	2006	2007	2008	2009	2010	2011
安徽省	—	54 296	36 031	23 630	24 500	31 465	—	21 002
江西省	—	33 336	91 369	23 381	53 097	60 280	—	54 055
河南省	—	64 227	47 324	63 497	63 497	89 995	—	58 000
湖北省	212 266	56 352	—	61 868	—	26 033	—	9 995
湖南省	149 419	92 220	247 606	73 092	25 326	73 115	—	111 803
广西	—	62 367	57 020	42 023	54 229	70 546	—	51 534
海南省	42 778	28 014	28 014	28 014	28 014	28 014	—	10 000
重庆市	—	46 668	37 004	41 502	60 937	66 280	—	57 467
四川省	14 935	74 929	83 596	66 344	123 150	110 610	—	114 160
贵州省	92 258	158 931	144 711	151 243	131 023	84 351	—	114 414
云南省	22 280	113 421	70 100	66 101	82 038	60 641	—	51 738
西藏	—	6 667	—	880	880	5 404	—	4 333
陕西省	600	59 469	45 668	40 800	77 570	90 780	—	116 198
甘肃省	233	59 995	54 433	59 995	86 667	104 720	—	122 745
青海省	—	41 377	41 377	43 368	43 369	63 366	—	90 700
宁夏	—	33 333	—	8 667	12 334	13 334	—	13 332
新疆	56 199	132 396	54 665	100 463	117 990	106 647	—	160 568

附表 A4 第一轮退耕还林工程实施以来固定资产投资中粮食补助资金

单位:万元

	2006	2007	2008	2009	2010	2011
全国合计	2 188 029	1 948 649	2 014 919	2 049 017	1 635 029	1 038 394
河北省	121 043	127 090	122 091	124 993	105 193	97 207
山西省	101 196	97 094	86 422	82 909	46 280	57 447
内蒙古	188 738	188 088	175 506	178 332	127 523	75 254
辽宁省	45 539	52 992	44 582	41 063	34 717	18 577
吉林省	27 686	44 264	44 908	44 796	40 960	38 414
黑龙江省	18 549	59 500	57 837	121 707	47 791	27 691
安徽省	85 605	46 459	46 791	51 424	35 125	73 238
江西省	62 570	36 793	56 173	59 230	36 228	10 621
河南省	72 418	65 982	59 268	61 994	42 700	20 419
湖北省	101 474	76 290	80 833	88 259	69 077	61 132
湖南省	184 443	112 029	113 179	116 417	110 477	80 166
广西	61 527	57 771	61 384	64 992	55 377	32 131
海南省	13 042	12 600	11 058	11 005	9 258	—
重庆市	138 351	133 415	125 496	129 185	76 781	36 073
四川省	282 759	282 744	214 219	179 470	191 840	34 905
贵州省	137 061	133 562	127 560	125 084	108 005	27 494

附表 A4（续）

	年份					
	2006	2007	2008	2009	2010	2011
云南省	108 207	114 089	109 498	99 979	82 425	46 806
西藏	1 274	2 000	2 000	5 550	5 031	5 202
陕西省	140 235	60 437	187 204	183 323	158 064	133 137
甘肃省	140 809	140 466	140 405	131 934	144 593	85 796
青海省	34 255	41 896	34 225	31 372	20 175	5 764
宁夏	65 380	—	62 601	58 962	45 093	28 606
新疆	49 070	59 382	49 419	53 535	36 820	38 773

附表 A5 第一轮退耕还林工程实施以来固定资产投资中生活费补助费

单元：万元

	年份					
	2006	2007	2008	2009	2010	2011
全国合计	234 460	249 215	299 591	328 213	395 480	348 513
河北省	17 113	18 324	17 572	17 262	19 010	20 623
山西省	13 758	13 248	15 221	16 727	38 664	13 961
内蒙古	26 953	26 862	26 488	28 425	28 681	35 635
辽宁省	6 899	7 374	6 368	6 961	4 712	8 546
吉林省	3 805	6 679	6 666	6 501	6 782	7 291

附表 A5（续）

	年份					
	2006	2007	2008	2009	2010	2011
黑龙江省	2 703	8 500	7 214	18 026	8 946	14 456
安徽省	9 111	4 609	4 534	5 645	5 732	9 116
江西省	6 114	4 529	5 745	6 030	4 087	3 793
河南省	6 803	7 638	7 524	7 534	17 184	12 567
湖北省	9 664	9 251	7 220	8 700	7 221	10 886
湖南省	13 920	12 931	10 548	14 017	23 052	30 450
广西	5 529	6 969	6 763	6 045	6 394	8 319
海南省	1 200	1 200	1 503	1 048	881	—
重庆市	13 177	12 743	12 500	13 135	36 898	45 789
四川省	25 803	28 676	55 776	78 947	26 014	3 224
贵州省	13 528	12 720	12 148	11 913	12 984	2 618
云南省	9 852	9 816	10 597	10 594	17 626	20 334
西藏	177	3 624	3 624	372	496	693
陕西省	15 698	8 898	24 824	23 080	35 784	30 111
甘肃省	18 691	18 497	34 332	19 347	58 935	18 911
青海省	4 818	5 493	4 817	7 246	11 275	16 433
宁夏	—	9 357	8 943	11 685	15 118	22 564
新疆	8 532	10 616	8 214	8 028	8 046	11 244

附表 A6　第一轮退耕还林全部林业投资完成额

单位：万元

	2003	2004	2005	2006	2007	2008	2009	2010	2011
全国合计	2 259 879	2 142 905	2 681 188	2 321 449	2 084 085	2 489 727	3 217 569	2 927 290	2 463 373
河北省	106 476	47 189	172 491	146 238	152 951	149 769	219 822	201 708	169 218
山西省	106 489	93 170	120 767	119 999	118 440	110 847	130 854	124 738	99 804
内蒙古	198 250	106 388	239 157	220 174	221 470	234 876	236 162	214 168	199 111
辽宁省	50 332	52 843	70 814	56 418	67 611	84 937	77 063	71 168	56 234
吉林省	37 935	46 248	27 418	39 469	54 195	54 569	65 816	59 163	56 279
黑龙江省	63 040	67 615	27 078	25 639	68 287	73 529	196 661	93 931	114 316
安徽省	75 105	61 025	72 519	99 023	52 913	55 396	76 303	59 665	104 569
江西省	75 105	65 999	64 600	73 323	46 471	68 765	102 934	86 742	49 859
河南省	83 239	78 609	86 619	84 777	73 620	81 198	90 599	81 268	69 855
湖北省	93 915	86 783	135 734	121 038	91 034	98 218	150 720	133 149	111 549
湖南省	93 915	167 887	250 256	210 792	135 477	134 060	177 927	175 656	149 638
广西	62 379	61 867	71 592	78 409	79 104	82 980	100 590	83 437	73 670
海南省	19 387	7 903	15 673	15 242	14 800	14 061	18 280	15 918	15 582
重庆市	159 379	144 630	169 859	166 594	161 460	229 150	221 144	203 296	168 968
四川省	323 590	297 676	320 395	312 985	325 582	297 373	531 320	396 092	349 097
贵州省	134 045	147 977	164 370	156 525	155 441	152 470	237 048	208 994	180 890

附表 A6(续)

地区	2003	2004	2005	2006	2007	2008	2009	2010	2011
云南省	119 068	105 983	124 303	128 141	137 035	150 202	171 652	165 092	122 351
西藏	1 000	500	444	1 451	6 422	6 422	7 898	7 414	11 321
陕西省	148 125	180 333	158 219	165 326	76 727	226 971	236 127	223 977	200 057
甘肃省	153 168	164 721	179 673	165 000	164 713	248 156	230 440	385 760	199 212
青海省	52 631	46 062	47 398	39 073	57 210	54 761	61 591	50 799	44 689
宁夏	56 509	63 502	77 716	76 624	11 953	75 194	77 924	98 300	92 233
新疆	63 282	47 995	75 124	70 975	73 784	63 669	102 775	72 002	78 188

附表 A7　2016 年各地区退耕还林工程建设情况

单位:公顷

地区	特种用途林	退耕地造林面积 合计	25°以上坡耕地	15°~25°水源地耕地	严重沙化耕地	用材林	经济林	防护林	薪炭林	荒山荒地造林面积
全国合计	558 501	417 587	42 096	66 922	53 609	314 163	189 003	1 511	215	124 350
河北	3 333	74	—	2 926	693	76	2 564	—	—	16 984
内蒙古	36 609	—	748	30 706	29	2 404	34 176	—	—	11 133
安徽	8 952	—	232	—	5 312	3 465	—	—	175	—
江西	1 999	1 999	—	—	961	667	371	—	—	—
湖北	34 666	29 863	4 801	—	8 071	14 930	11 665	—	—	2 218

附表 A7（续）

	退耕地造林面积				退耕地造林按林种主导功能分				荒山荒地造林面积
	特种用途林	合计	25°以上坡耕地	15°~25°水源地耕地	严重沙化耕地	用材林	经济林	防护林	薪炭林	
湖南	10 143	9 677	240	—	2 493	3 645	3 975	—	30	6 747
广西	20 900	18 147	1 397	—	4 103	15 470	1 317	—	10	—
重庆	65 658	49 243	16 415	—	6 726	45 417	12 488	1027	—	—
四川	28 821	19 185	9 636	—	7 317	17 981	3 523	—	—	533
贵州	86 660	86 660	—	—	—	62 656	24 004	—	—	—
云南	97 515	81 184	993	—	16 276	71 018	9 841	380	—	30 512
陕西	44 139	39 373	4 433	—	1 538	27 490	15 111	—	—	1 961
甘肃	79 999	79 999	—	—	—	27 596	52 403	—	—	2 220
宁夏	13 334	1 716	3 001	8 617	—	667	12 667	—	—	—
新疆	25 373	467	200	24 373	90	20 681	4 498	104	—	620
新疆兵团	13 006	—	—	13 006	—	12 173	833	—	—	—

附表 A8 2016 年全部林业投资完成额

单位：万元

	合计	中央投资	地方投资	种苗费	完善政策补助资金	巩固退耕还林成果专项资金	新一轮退耕还林补助资金	其他
全国合计	2 366 719	2 025 000	124 296	350 254	1 077 143	124 474	711 816	103 032
河北	58 859	34 941	1 247	—	48 651	8 819	1 240	149

附表 A8（续）

	合计	中央投资	地方投资	种苗费	完善政策补助资金	巩固退耕还林成果专项资金	新一轮退耕还林补助资金	其他
内蒙古	139 376	130 721	94	11 882	102 235	5 118	14 986	5 155
安徽	78 787	35 139	10 708	5 176	43 047	9 946	1 428	19 190
江西	23 071	17 749	950	1 000	17 945	1 972	1 309	845
湖北	87 396	76 458	2 710	13 563	35 120	8 497	27 201	3 015
湖南	132 305	97 042	18 137	6 632	68 991	24 495	15 301	16 886
广西	57 909	45 594	1 196	4 505	25 976	1 662	24 925	841
重庆	153 960	129 679	4 126	23 240	65 204	969	59 528	5 019
四川	196 130	180 927	15 203	15 000	136 630	—	44 500	—
贵州	381 920	381 920	—	143 220	—	—	238 700	—
云南	217 178	157 206	18 920	34 145	69 720	23 001	76 372	13 940
陕西	158 107	123 827	1 925	18 154	104 967	2 396	30 019	2 571
甘肃	256 047	255 812	235	57 015	81 889	18	116 930	195
宁夏	62 562	62 280	281	4 500	40 191	—	17 500	371
新疆	108 975	73 185	33 068	5 935	37 588	2 525	28 298	34 629
新疆兵团	62 523	29 509	31 830	1 425	13 611	—	14 647	32 840

附表 A9 2017年各地区退耕还林工程建设情况

单位:公顷

	退耕地造林情况				退耕地造林按林种主导功能分					年末实有封山(沙)育林面积
	合计	25°以上坡耕地	15°~25°水源地耕地	严重沙化耕地退耕面积	用材林	经济林	防护林	薪炭林	特种用途林	
全国合计	1 213 267	977 922	25 282	120 168	103 682	772 332	332 540	776	3 937	1 176 411
山西	108 668	93 120	—	—	—	60 356	47 752	560	—	38 476
内蒙古	32 045	—	—	26 740	1 049	885	30 111	—	—	109 029
安徽	2 002	2 002	—	—	127	1 509	366	—	—	15 292
湖北	17 333	11 547	5 786	—	3 622	10 787	2 924	—	—	35 409
湖南	5 335	5 241	26	—	628	2 969	1 738	—	—	11 514
广西	498	267	—	—	224	207	67	—	—	142 330
重庆	48 724	36 581	11 789	—	8 393	29 659	10 672	—	—	6 339
四川	29 094	23 221	5 139	—	3 623	22 313	3 128	—	30	16 431
贵州	551 600	551 600	—	—	70 533	449 047	28 182	—	3 838	—
云南	108 497	100 726	1 123	—	10 816	80 062	17 554	—	65	79 609
陕西	48 243	46 271	106	—	447	27 881	19 915	—	—	60 144
甘肃	146 509	91 785	—	43 215	3 635	47 762	95 112	—	—	159 142
青海	19 912	—	—	1 915	—	—	19 912	—	—	109 666
宁夏	9 542	6 093	1 313	—	—	667	8 875	—	—	4 399
新疆	85 265	9 468	—	48 298	585	38 228	46 232	216	4	151 098
新疆兵团	3 775	—	—	2 772	—	3 392	383	—	—	—

附表 A10　2017 年全部林业投资完成额

单位:万元

	合计	中央投资	地方投资	种苗费	完善政策补助资金	巩固退耕还林成果专项资金	新一轮退耕还林补助资金	其他
全国合计	2 221 446	1 979 471	75 846	442 374	971 362	32 643	739 024	36 043
山西	241 991	196 740	42 511	101 704	53 290	—	86 569	428
内蒙古	161 458	147 766	15	13 034	97 957	8 211	35 033	7 223
安徽	35 925	27 374	4 289	75	32 682	1 990	909	269
湖北	66 739	53 618	126	6 109	39 524	14	20 294	798
湖南	70 082	54 448	3 174	2 250	56 841	2 256	4 847	3 888
广西	25 545	23 214	759	925	19 361	127	4 962	170
重庆	131 455	125 772	3 129	23 630	64 178	6 511	33 285	3 851
四川	163 389	155 328	8 061	18 000	99 828	—	37 500	8 061
贵州	364 782	363 000	1 782	140 000	—	—	223 000	1 782
云南	217 835	181 034	8 540	54 724	50 099	7 104	100 821	5 087
陕西	156 094	117 694	1 634	22 330	95 562	586	36 182	1 434
甘肃	147 323	124 922	254	16 800	76 532	217	53 378	396
青海	29 098	29 098	—	—	20 098	—	9 000	—
宁夏	42 850	35 660	178	760	34 706	15	7 210	159
新疆	163 354	157 505	1 285	39 660	39 370	346	81 684	2 294
新疆兵团	23 169	18 685	—	720	15 786	346	5 024	1 293

参 考 文 献

[1] 谢晨,王佳男,彭伟,等.新一轮退耕还林还草工程:政策改进与执行智慧:基于2015年退耕还林社会经济效益监测结果的分析[J].林业经济,2016,38(3):43-51,81.

[2] 张坤,谢晨,彭伟,等.新一轮退耕还林政策实施中存在的问题及其政策建议[J].林业经济,2016,38(3):52-58.

[3] 韦惠兰,白雪.退耕还林影响农户生计策略的表现与机制[J].生态经济,2019,35(9):121-127.

[4] 孙贵艳,王传胜.退耕还林(草)工程对农户生计的影响研究:以甘肃秦巴山区为例[J].林业经济问题,2017,37(5):54-58,106.

[5] 石春娜,高洁,苏兵,等.基于成本-效益分析的退耕还林区域选择研究:以黄土高原区为例[J].林业经济问题,2017,37(4):18-22,99.

[6] 王一超,郝海广,翟瑞雪,等.农户退耕还林生态补偿预期及其影响因素:以哈巴湖自然保护区和六盘山自然保护区为例[J].干旱区资源与环境,2017,31(8):69-75.

[7] 秦聪,贾俊雪.退耕还林工程:生态恢复与收入增长[J].中国软科学,2017(7):126-138.

[8] 丁屹红,姚顺波.退耕还林工程对农户福祉影响比较分析:基于6个省951户农户调查为例[J].干旱区资源与环境,2017,31(5):45-50.

[9] 徐建英,孔明,刘新新,等.生计资本对农户再参与退耕还林意愿的影响:以卧龙自然保护区为例[J].生态学报,2017,37(18):6205-6215.

[10] 王庶,岳希明.退耕还林、非农就业与农民增收:基于21省面板数据的双重差分分析[J].经济研究,2017,52(4):106-119.

[11] 陈相凝,武照亮,李心斐,等.退耕还林背景下生计资本对生计策略选择

的影响分析:以西藏7县为例[J].林业经济问题,2017,37(1):56-62,106.

[12] 张寒,常兴,姚顺波.基于双差分法的退耕还林工程对农户生计资本影响评价:以宁夏为例[J].林业经济,2016,38(12):16-20.

[13] 李敏,姚顺波.退耕还林工程综合效益评价[J].西北农林科技大学学报(社会科学版),2016,16(3):118-124.

[14] 张笃川.以休闲农业推进三产融合研究综述[J].中国农业资源与区划,2019,40(8):226-231.

[15] 吴恒,朱丽艳,王海亮,等.新时期林下经济的内涵和发展模式思考[J].林业经济,2019,41(7):78-81.

[16] 张璇,郭轲,王立群.基于农户意愿的退耕还林后续补偿问题研究:以河北省张北县和易县为例[J].林业经济,2016,38(3):59-65.

[17] 支玲,阮萍.西部退耕还林工程政策体系的协调性:以鹤庆县、织金县、安定区、宜川县为例[J].财经科学,2015(12):126-136.

[18] 支玲,郭小年,刘燕,等.退耕还林工程政策体系协调性评价指标体系研究:以西部为例[J].林业经济,2015,37(9):66-73.

[19] 朱长宁,王树进.退耕还林背景下西部地区农户收入的影响因素分析:基于分位数回归模型[J].湖北民族学院学报(哲学社会科学版),2015,33(4):45-49,74.

[20] 蔡志坚,蒋瞻,杜丽永,等.退耕还林政策的有效性与有效政策搭配的存在性[J].中国人口·资源与环境,2015,25(9):60-69.

[21] 陈晓明.中美林果出口国际竞争力比较及对中国的启示[J].林业经济,2015,37(7):67-72,93.

[22] 韩秀华.退耕还林工程对农户收入影响实证分析:以陕西安康为例[J].林业经济,2015,37(6):40-43.

[23] 陈佳,高洁玉,赫郑飞.公共政策执行中的"激励"研究:以W县退耕还林为例[J].中国行政管理,2015(6):113-118.

[24] 李国平,石涵予.退耕还林生态补偿标准、农户行为选择及损益[J].中

国人口·资源与环境,2015,25(5):152-161.

[25] 喻永红.基于CVM法的农户保持退耕还林的接受意愿研究:以重庆万州为例[J].干旱区资源与环境,2015,29(4):65-70.

[26] 朱长宁,王树进.退耕还林对西部地区农户收入的影响分析[J].农业技术经济,2014(10):58-66.

[27] 韩洪云,喻永红.退耕还林生态补偿研究:成本基础、接受意愿抑或生态价值标准[J].农业经济问题,2014,35(4):64-72,112.

[28] 何家理,马治虎,陈绪敖.秦巴山区退耕还林后续产业发展实证研究:基于陕、川、渝三省(市)后续产业现状调查[J].政治经济学评论,2014,5(2):211-224.

[29] 刘会静,姜志德,王继军.黄土高原退耕区农业后续产业发展影响因素的多层线性分析[J].经济地理,2014,34(2):125-130.

[30] 李博,李桦.农户退耕还林可持续性路径分析:以全国退耕还林示范县(吴起县)为例[J].林业经济问题,2014,34(1):12-18.

[31] 马福婷,岳崇山.张北县退耕还林后农业主导产业选择研究[J].福建林业科技,2013,40(4):126-130.

[32] 冯晓雪,李桦.基于农户异质性视角的退耕还林农户收入研究:以陕西省吴起县为例[J].湖北农业科学,2013,52(17):4300-4303.

[33] 陈海,郗静,梁小英,等.农户土地利用行为对退耕还林政策的响应模拟:以陕西省米脂县高渠乡为例[J].地理科学进展,2013,32(8):1246-1256.

[34] 散鋆龙,牛长河,乔圆圆,等.林果机械化收获研究现状、进展与发展方向[J].新疆农业科学,2013,50(3):499-508.

[35] 刘晓琳,吴林海.基于新疆特色林果产品的质量安全追溯体系研究[J].食品工业科技,2013,34(5):295-298.

[36] 郭慧敏,乔颖丽.农户发展退耕还林后续产业意愿的影响因素实证分析[J].农业经济,2012(8):86-89.

[37] 赵英,张开春,张春山,等.新疆特色林果业发展面临的机遇与挑战

[J].北方园艺,2011(19):166-168.

[38] 赵丽娟,王立群.退耕还林后续产业对农户收入和就业的影响分析:以河北省平泉县为例[J].北京林业大学学报(社会科学版),2011,10(2):76-81.

[39] 王珠娜,张晓磊,黄广春,等.郑州市退耕还林后续产业发展现状及对策探讨[J].中国农学通报,2009,25(19):65-68.

[40] 孙兰凤.新疆特色林果业可持续发展指标体系的构建及评价[J].新疆农业科学,2009,46(3):678-685.

[41] 江虹,康菊花,高保全.特色林果产品营销现状与对策分析[J].生产力研究,2008(23):99-100.

[42] 邵治亮,王生宝.吴起县退耕还林(草)后续产业发展探讨[J].中国农学通报,2008(6):479-481.

[43] 孙兰凤.基于发展中的新疆特色林果产业结构优化问题研究[J].生态经济,2008(5):109-114.

[44] 罗强强,魏宏钧.西吉县退耕还林(草)工程后续产业发展研究[J].中国水土保持,2008(2):28-31.

[45] 陈珂,王秋兵,杨小军.退耕还林工程后续产业经济可持续性的实证分析*:以辽宁彰武、北票为例[J].林业经济问题,2007(3):238-242.

[46] 孙策,杨改河,冯永忠,等.关于退耕还林后续产业经济效应的调查分析:以安塞县沿河湾镇为例[J].西北林学院学报,2007(3):167-170.

[47] 宋乃平.退耕还林草后续产业发展中的问题及建议:以宁夏原州区为例[J].干旱地区农业研究,2006(6):212-216.

[48] 张得宁,王小梅.乡村振兴视域下青海省林下经济发展对策研究[J].林业经济,2019,41(7):82-87,100.

[49] 单福彬,邱业明.供给侧结构性改革下休闲农业产业化的新模式分析[J].北方园艺,2019(7):166-170.

[50] 曹哲,邵秀英.山西省休闲农业和乡村旅游地空间格局及优化路径[J].世界地理研究,2019,28(1):208-213.

[51] 陈磊,熊康宁,杭红涛,等.我国喀斯特石漠化地区林下经济种植模式及问题分析[J].世界林业研究,2019,32(3):85-90.

[52] 秦俊丽.乡村振兴战略下休闲农业发展路径研究:以山西为例[J].经济问题,2019(2):76-84.

[53] 王艳萍,冯正强.供应链视角下林下经济产品质量安全预警模型研究[J].中南林业科技大学学报,2019,39(5):138-144.

[54] 颜文华.休闲农业与乡村旅游驱动乡村振兴的海外经验借鉴[J].中国农业资源与区划,2018,39(11):200-204,224.

[55] 丁秀玲,薛彩霞,高建中.林业科技服务对农户经营林下经济行为的影响研究[J].林业经济问题,2018,38(5):52-58,106.

[56] 张慎娟.新时期我国休闲农业发展趋势与策略分析[J].农业经济,2018(10):64-66.

[57] 王梓,张平,全良.黑龙江省林下经济产业集群发展影响因素研究[J].林业经济,2018,40(8):61-67.

[58] 李微,骆晓雪.黑龙江森工林区林下经济产业结构关联分析[J].林业经济,2018,40(5):55-59.

[59] 张新美.农业供给侧改革视角下我国休闲农业的整合研究[J].农业经济,2017(12):31-32.

[60] 张辉,方家,杨礼宪.我国休闲农业和乡村旅游发展现状与趋势展望[J].中国农业资源与区划,2017,38(9):205-208.

[61] 师晓华.美丽乡村建设背景下西安休闲农业发展研究[J].中国农业资源与区划,2017,38(8):219-223.

[62] 李志民,揭筱纹.休闲农业的吸引要素构成研究[J].人民论坛·学术前沿,2017(15):150-153.

[63] 徐玮,包庆丰.国有林区职工家庭参与林下经济产业发展的意愿及其影响因素研究[J].干旱区资源与环境,2017,31(7):38-43.

[64] 张霞.我国休闲农业发展与乡村旅游行业集约化经营模式研究[J].商业经济研究,2017(12):178-179.

[65] 朱万春.乡村生态旅游与林下经济的融合研究[J].农业经济,2017(6):52-53.

[66] 张芳,仲丹丹.影响职工加入林下经济种植专业合作社意愿的因素研究[J].黑龙江畜牧兽医,2017(8):250-253.

[67] 胡艳英,曹玉昆.林下经济产品供应链的协同管理探讨[J].学术交流,2017(3):134-139.

[68] 陈文盛,他淑君,范水生.我国休闲农业发展水平区域特征及影响因素[J].北方园艺,2016(24):182-185.

[69] 朱长宁.价值链重构、产业链整合与休闲农业发展:基于供给侧改革视角[J].经济问题,2016(11):89-93.

[70] 何成军,李晓琴,银元.休闲农业与美丽乡村耦合度评价指标体系构建及应用[J].地域研究与开发,2016,35(5):158-162.

[71] 范秋贵.生态文明建设视域下的中国休闲农业发展路径研究[J].农业经济,2016(5):66-68.

[72] 王丽丽,蔡丽红,王锦旺.我国休闲农业产业化发展研究:述评与启示[J].中国农业资源与区划,2016,37(1):207-212.

[73] 朱斌,刘丹一.石漠化地区林下经济发展模式研究[J].林业经济,2015,37(12):86-90.

[74] 王蒙燕.林下经济的经营模式研究[J].农业经济,2015(9):30-32.

[75] 赵荣,陈绍志,张英,等.发展林下经济对产业、民生和生态的影响研究[J].林业经济,2015,37(6):7-9,56.

[76] 曹玉昆,雷礼纲,张瑾瑾.我国林下经济集约经营现状及建议[J].世界林业研究,2014,27(6):60-64.

[77] 臧良震,张彩虹,郝佼辰.中国林下经济发展的空间分布特征研究[J].林业经济问题,2014,34(5):442-446.

[78] 张毅.循环经济视角下林下经济的内涵与路径研究[J].林业经济问题,2014,34(4):380-384.

[79] 姜钰,贺雪涛.基于系统动力学的林下经济可持续发展战略仿真分析

[J].中国软科学,2014(1):105-114.

[80] 张连刚,支玲,王见.林下经济研究进展及趋势分析[J].林业经济问题,2013,33(6):562-567.

[81] 张梅.乡村振兴背景下休闲农业发展路径和实践范式建构[J].技术经济与管理研究,2019(11):122-128.

后　记

　　党中央、国务院关于退耕还林还草的战略决策是统筹人与自然和谐发展的重要实践，是维护国土生态安全、建设生态文明、推动可持续发展的关键举措，是转变农户传统生产生活方式、调整农业产业结构、发展农村新型生态经济、提升农户收入水平的积极探索，是实现百姓富、生态美与乡村振兴有机统一的重要抓手。农户既是退耕还林工程的直接参与者，也是直接受益者，农户的收益水平直接决定农户参与退耕的有效性与持续性。特色林果业、林下经济、休闲农业等后续产业有助于拓展农户生计路径，提升农户可持续生计能力，后续产业发展是退耕还林工程有效持续运行的根本前提，是巩固退耕还林工程成果、提升退耕区社会经济发展活力的重要保障。

　　著者重点关注退耕还林工程实施进展、退耕农户生计状况与退耕还林工程成果巩固等，通过长期调研，充分认识到培育退耕农户可持续生计能力的重要性与紧迫性，充分认识到退耕区后续产业发展的重要价值与多维效用，充分认识到退耕农户对发展特色林果业、林下经济与休闲农业的热情与积极性。激发农户退耕参与意愿是退耕还林工程有效运行的重要条件，退耕农户积极发展退耕还林后续产业是新一轮退耕还林工程持续运行的根本保证。因此，本书论述了退耕区后续产业发展与退耕还林工程持续有效运行的内在关联和相互影响，阐释了退耕区后续产业发展的基础理论、基本原则与基本思路，深入分析了退耕区特色林果业、林下经济与休闲农业等特色优势后续产业的发展环境、发展思路、指导原则与关键发展举措，以全面强化特色优势后续产业在巩固退耕还林工程成果、推动退耕还林工程有效持续运行中的重要效用。

　　本书是国家自然科学基金项目"新疆生态脆弱区农户退耕的响应追踪、行为调适与过程激励研究"（71663043）、中国博士后科学基金

（2016M600828）、石河子大学青年科技创新人才培育计划（CXRC201708）的阶段性成果，由石河子大学"中西部高校综合实力提升工程"、石河子大学农林经济管理国家重点（培育）学科、石河子大学农业现代化研究中心联合资助。

  感谢石河子大学经济与管理学院各位同事一直以来的关心与支持，以及在学习与工作中提供的诸多便利。感谢妻子卢丽君女士及爱女小太阳的支持、理解与陪伴。感谢出版社各位老师在本书出版中付出的辛勤劳动。